农民教育培训·猪产业兴旺

U0347718

猪规模化

生态养殖与疫病综合防控

杜华军 侯 杰 孔祥英 ◎ 主编

中国农业科学技术出版社

图书在版编目（CIP）数据

猪规模化生态养殖与疫病综合防控／杜华军，侯杰，孔祥英主编．—
北京：中国农业科学技术出版社，2019.9
　ISBN 978-7-5116-4390-2

　Ⅰ.①猪…　Ⅱ.①杜…②侯…③孔…　Ⅲ.①养猪学②猪病-防治
Ⅳ.①S828②S858.28

　中国版本图书馆 CIP 数据核字（2019）第 195732 号

责任编辑	崔改泵　李　华
责任校对	李向荣

出 版 者	中国农业科学技术出版社
	北京市中关村南大街 12 号　邮编：100081
电　　话	（010）82109708（编辑室）　　（010）82109702（发行部）
	（010）82109709（读者服务部）
传　　真	（010）82106650
网　　址	http://www.castp.cn
经 销 者	各地新华书店
印 刷 者	北京富泰印刷有限责任公司
开　　本	880mm×1 230mm　1/32
印　　张	5.125
字　　数	142 千字
版　　次	2019 年 9 月第 1 版　2019 年 9 月第 1 次印刷
定　　价	30.80 元

前　言

　　长期以来养猪业一直延续散户养殖的老路，当然散养模式在一定的年代有功劳也有苦劳，但是弊端也日益显现。在时代、经济以及行业自身的需求下，规模化是养殖业的必然趋势。因为规模化养殖不但可以增加经济效益、加强抵抗市场风险能力，有效推进技术进步，而且是实施标准化生产、提高畜产品质量的必要基础，这也非常符合当前消费者健康、安全的消费理念。

　　本书主要讲述了规模化生态养猪的品种、生态养猪营养需要与饲料配合、猪的繁殖与选种选配杂交利用、规模化生态养猪的饲养管理、林地规模化生态养猪饲养管理、规模化生态养猪疾病诊断与防治、生态安全猪肉的生产与产品加工技术、猪规模化生态养殖场经营管理等方面的内容。

　　由于编者水平所限，加之时间仓促，书中不尽如人意之处在所难免，恳切希望广大读者和同行不吝指正。

编　者

2019 年 7 月

目　　录

第一章　规模化生态养猪的概述 …………………………………（1）

第一节　发展规模化生态养猪的有利条件 …………………（1）

第二节　发展规模化生态养猪的配套措施 ………………（2）

第二章　规模化生态养猪的品种 …………………………………（5）

第一节　猪的经济类型与瘦肉型猪的特点 ………………（5）

第二节　我国主要地方品种 ………………………………（6）

第三节　引入的国外优良猪种 …………………………（14）

第四节　我国培育的猪种 ………………………………（19）

第三章　生态养猪营养需要与饲料配合 ………………………（24）

第一节　消化与吸收 ……………………………………（24）

第二节　猪各生长阶段的营养素需要量 ………………（27）

第三节　饲料原料及主要营养成分 ……………………（35）

第四节　饲料的加工调制 ………………………………（43）

第五节　猪的日粮配合 …………………………………（51）

第四章　猪的繁殖与选种选配杂交利用 ………………………（59）

第一节　猪配种技术 ……………………………………（59）

第二节　繁殖技术 ………………………………………（67）

第三节　引种与杂交利用 ………………………………（72）

第五章　规模化生态养猪的饲养管理 …………………………（80）

第一节　猪场规模和猪群结构 …………………………（80）

第二节　猪的一般饲养管理 ……………………………（81）

第三节　种公猪的管理 …………………………………（82）

第四节　后备、空怀母猪饲养管理 ……………………（83）

第五节　妊娠、哺乳、断奶母猪饲养管理 ……………（84）
　　　第六节　哺乳仔猪、生长肥育猪管理 …………………（85）

第六章　林地规模化生态养猪饲养管理 ………………（91）
　　　第一节　场址选择及猪种选择 …………………………（91）
　　　第二节　控制养殖量、控制污染 ………………………（92）
　　　第三节　饲料选择及喂养方法 …………………………（92）
　　　第四节　病情观察 ………………………………………（94）
　　　第五节　病虫预防 ………………………………………（95）

第七章　规模化生态养猪疾病诊断与防治 ……………（96）
　　　第一节　猪场如何做好免疫接种 ………………………（96）
　　　第二节　猪瘟免疫要点 ……………………………………（104）
　　　第三节　猪场寄生虫病的防控 …………………………（110）
　　　第四节　主要猪病及其控制 ……………………………（117）

第八章　生态安全猪肉的生产与产品加工技术 ………（121）
　　　第一节　肉品屠宰加工分类 ……………………………（121）
　　　第二节　冷却肉生产 ……………………………………（122）
　　　第三节　猪肉制品加工 …………………………………（123）

第九章　规模化生态养殖猪场经营管理 ………………（132）
　　　第一节　影响养猪经济效益的因素与对策 ……………（132）
　　　第二节　养猪的风险与防范 ……………………………（135）
　　　第三节　选择适合的经营模式 …………………………（140）
　　　第四节　生产计划的制订 ………………………………（143）
　　　第五节　规模化养猪场运行与营销管理 ………………（145）
　　　第六节　成本核算与效益化生产 ………………………（151）

参考文献 ………………………………………………………（156）

第一章　规模化生态养猪的概述

第一节　发展规模化生态养猪的有利条件

一、我国生态养猪历史悠久

几千年来，中国农业的发展史就是农牧结合的历史，形成"五谷丰登，六畜兴旺"的局面。

在反映周王朝礼制的《礼记》中，有"草人"一职，"掌化土之法"，即改良土壤，采用"粪种"，根据土壤性质，选用不同畜粪肥。例如，"植壤用豕"，即对硬质土壤，以施用猪粪为宜。可见，远在春秋战国时代，已有农牧结合的生产形式了。

公孙弘，西汉山东淄川人，家贫，在渤海之滨，以牧猪为生，年40余，学春秋杂说，研究经世治国之道。先被汉武帝招贤出使匈奴，后为丞相。武帝因嘉弘其功德，封为平津侯。

孙期，后汉，山东成武人，著有《后汉书》，学识渊博，依牧猪于大泽为生，奉养老母，以尽孝道……

贾思勰，北魏高阳太守，山东省寿光益都镇人，距今1 530年前，著有《齐民要术》。该书有许多关于养猪技术的论述，至今仍不失其先进性。

王祯元代，山东东平人，在其所著《王祯农书》中，关于"青料铡短浸泡发酵"和"人工栽培青料，分区轮牧"等论述，至今仍有实践意义。

二、我国把保护生态上升为国家战略

国务院颁布的《全国生态环境保护纲要》，提出了一个全新的国家生态安全概念。国家生态安全是指国家生态和发展所需的生态环境处于不受破坏和威胁的状态。生态安全一旦遭受破

坏，不仅影响经济的发展，而且直接威胁人的基本生存条件。因此，生态安全和军事安全、政治安全一样是国家安全的重要组成部分，而且是其他安全的基础和载体。国家已把环境保护、生态保护上升到与民族、与国家兴衰存亡的高度进行对待。

三、各地各级政府都出台了优惠政策

建设生态文明，基本形成节约能源资源和保护生态环境的产业结构、增长方式、消费模式，是党的十九大提出的重要战略任务。各地各级政府出台了各式各样的优惠政策。因此，发展生态养猪的环境非常优良。

第二节　发展规模化生态养猪的配套措施

发展规模化生态养猪是我国转变经济增长方式、调整经济结构的重要组成部分，必须提高认知水平，制定有关政策与法规，确保生态养猪落到实处。

一、加强宣传教育与培训

一是提高各级决策机关和劳动者对生态建设的重要意义。使大家认识到，只有环境保护、生态建设和经济建设协调发展，才是可持续、有后劲的发展。

二是提高决策者与劳动者科学技术知识水平和素质，是发展生态养猪的关键。

二、因地制宜，分类指导

我国各地自然条件差异较大，经济发展水平不同，养猪科技水平也不一样，因此，要因地制宜，分类指导。

1. 沿海地区、中东部地区与西部地区要分类指导

中东部地区，特别是沿海地区，经济较发达，资金较充足，应建设高标准的示范点；而西部地区，不要走先污染后治理的老路，建设标准也应分轻、重、缓几个层次。

中东部地区也有欠发达地区，西部地区也有较发达地区，

因此，先要调查研究，逐步实现节能减排、生态低碳安全。

2. 高山、丘陵、平原要分类指导

（1）高山地区要在山、水、林、田、路综合治理的基础上，重点解决引水上山，使人、畜饮水和灌溉得以解决。高山养猪，空气新鲜，树叶、野草、野菜丰盛，可降低成本，又利于防疫。

山半腰以经济林为主，建沼气设备，沼气解决取暖、做饭和照明问题。山下以经济作物、粮食作物和饲料作物为主。如此布局，有利于猪粪尿的消化和果树、农作物生长。山东省临沂市河东区汤头街集沂庄村，采用这种循环农业模式，几乎没有废物产生，低消耗，低排放，高效益。

（2）丘陵地带，以整修道路、水渠和平整土地为主，在适宜地区也可建养猪场。在道路两旁要有计划地植树绿化。

（3）平原地带要保护基本农田，以种植业为主。

三、统一规划，统一布局

各个地区要统一规划，统一布局。户与户、场与场、乡（镇）与乡（镇），要建立多级的相互联系、相互促进、相互共生的生态循环体系，才能使生态环境得到改善。使系统内生态达到平衡，才能使资源得到充分而又合理的利用，使经济社会效益稳步提高。

各个养猪场要在畜牧主管部门的协调下，分工合作，各负其责，力争把生态养猪落到实处。

四、调整产业结构

一是从以粮为主的一元结构，逐步向粮食-经济作物二元结构转变；从二元结构尽快向粮—经—饲（饲料作物）三元结构转变。

二是从种—养二元结构向种—养—加三元结构转变，进行产业化开发，贸工农相结合。

三是生态农业与旅游观光产业相结合，全面提升生态产业的影响力。

五、用现代科学技术装备养猪业

一是以环境保护为重点，全面提升养猪业水平。一方面提高工作效率，另一方面使猪群得到更广泛、更有效的呵护。

二是全面推广节粮养猪实用技术，大幅降低养猪成本。

三是推广先进的繁殖技术，提高每头母猪年提供种仔猪或肉猪的头数。

四是增强先进的卫生防疫设施建设和推广有关先进适用技术，使猪群发病降到最低水平。

五是制定发展生态养猪的有关政策。

①实行资源开发基金制度，支持合理开发利用增殖资源的建设项目。

②鼓励支持无污染、少污染的养猪及加工项目，限制污染项目的立项与实施。

③加快制定与完善生态养猪的技术规范、生态养猪评定标准以及管理办法。

第二章 规模化生态养猪的品种

人类目前饲养的家猪是由野猪经过长期驯化而来的，距今已有上万年的历史。随着人们生产经验的积累、社会经济条件的提升和人们对猪肉产量和品质需求的变化，经过长期自然和人工选择，家猪出现了一些生产性能较高，适应当地自然气候特点，具有某些外貌特征和生产特性的类群，并逐渐形成品种。

第一节 猪的经济类型与瘦肉型猪的特点

一、猪的经济类型

猪的经济类型可分为瘦肉型、脂肪型和肉脂兼用型 3 种。这是由于人们根据猪的体型、外貌、胴体中瘦肉和脂肪的比例、人们对肉食的爱好，不同地区供应猪的饲料种类的不同，经人们长期向不同方向选育而形成的，是品种向专门化方向发展的产物。

1. 瘦肉型

瘦肉型也称为肉用型。这类猪的胴体瘦肉多，瘦肉占胴体比例55%以上。外形特点是中躯长，四肢高，前后肢间距宽，头颈较轻，腿臀丰满。体长大于胸围 15cm。6 ~ 7 肋骨背膘厚 1.5~3.0cm。瘦肉型猪能有效地将饲料蛋白转化为瘦肉，且蛋白生长耗能比脂肪低，所以长得快，饲料报酬率高。一般 180 日龄体重可达到或超过 90kg，料重比 1∶3 左右。长白猪和大约克猪以及我国近年培育的三江白猪、湖北白猪等都属于瘦肉型品种。

2. 脂肪型

这类猪的胴体脂肪多，瘦肉少，脂肪占胴体比例为 40% ~

50%。外形特点是体躯宽、深、短、矮，头颈较重而多肉。体长、胸围相等或相差 2~3cm。6~7 肋骨背膘厚 6cm 以上。脂肪型猪由于脂肪多，而脂肪生长耗能多，所以生长慢，饲料报酬率低。我国的两广小花猪、海南猪属于此类。

3. 肉脂兼用型

这类猪的肉脂比例介于脂肪型与瘦肉型之间，外形特点也介于两者之间，体长一般大于胸围 5cm，背膘厚 3~4cm。哈尔滨白猪、苏联大白猪、中约克夏猪属于此类。

二、瘦肉型猪的特点

瘦肉型猪一般性成熟和体成熟较晚，体格较大，生长瘦肉的能力强，而生长脂肪的能力则比其他猪种弱。由于瘦肉型猪胴体瘦肉量高，而饲料转化率高，对饲料中蛋白质的含量要求较高。

瘦肉型猪背膘薄、皮薄毛稀，故比脂肪型猪耐热，但耐寒性较差。瘦肉型猪对外界环境条件的变化敏感性强，适应性稍差，有时会发生应激反应，出现应激综合征。严重时，还会引起肌肉变质，出现渗水、松软的灰白色的劣质肉，即 PSE 肉。之所以有这些缺点，是由于长期向背膘薄、体型长、生长快等方面选择的结果。

第二节　我国主要地方品种

我国在 20 世纪 80 年代初完成的猪种资源普查，被认可后公布的猪地方品种有 118 个，1986 年出版的《中国猪品种志》将地方品种归纳为 48 个，2012 年出版的《中国畜禽遗传资源志·猪志》认定 76 个，占世界猪品种数的 1/3。特殊的生产条件、文化背景及地理环境使中国猪种存在其他猪种没有或很少的基因或基因组，对世界猪的遗传育种研究和生产实践具有独特的作用。

一、我国地方猪种分类

我国地方猪种按其外貌特征、生产性能、当地自然地理特征、农业生产情况等自然条件和移民等社会条件，大致可分为华北型、华南型、华中型、江海型、西南型和高原型六大类型。

1. 华北型（5个）

华北型猪主要分布在秦岭—淮河以北地区，包括东北、华北、内蒙古、甘肃、新疆、宁夏，以及陕西、湖北、安徽、江苏等省区的北部地区，山东、四川、青海部分地区。该区域内冬季气候较寒冷、干燥，饲养粗放，因而猪的体质强健、体躯高大、四肢粗壮、背腰狭窄，为适应冬季寒冷的气候特点，皮厚多皱、毛粗密、鬃毛发达、毛色多为全黑。主要猪种有东北民猪、黄淮海黑猪、汉江黑猪、沂蒙黑猪、八眉猪等。

2. 华南型（9个）

华南型猪主要分布在南岭与珠江流域以南，包括云南的西南及南部边缘，广西、广东偏南的大部分地区及福建的东南和我国台湾地区。该区属亚热带气候，雨水充足，饲料丰富。该类型猪的体躯呈短、矮、宽、圆的特点；皮薄毛稀、鬃毛较少，毛色多为黑色或黑白花，体质疏松腹下垂，背腰宽阔而多下凹，繁殖力低，性成熟和体成熟较早。主要猪种有香猪、隆林猪、桃园猪、五指山猪、粤东黑猪等。

3. 江海型（7个）

江海型猪主要分布在淮河与长江之间，包括汉水、长江中下游和沿海平原地区，以及秦岭和大巴山之间的汉中盆地。该区域交通发达、农业丰产、饲料类型丰富，多为舍饲，因此该地区猪种复杂。江海型猪体型、外貌、生产性能处于华北、华中过渡带且差异较大，毛色为黑色或有少量白斑，以繁殖力高而著称。主要猪种有太湖猪、姜曲海猪、虹桥猪、阳新猪、圩猪等。

4. 华中型（19个）

华中型猪主要分布在长江和珠江之间，这一地区属亚热带气候、温暖、雨量充足、自然条件较好，以水稻种植为主，精料和多汁饲料也很丰富，精料中富含蛋白质的饲料较多，有利于猪的生长发育。这一地区猪与华南型猪在体型和生产性能上较相似，体质疏松，背较宽且多下凹、四肢短、腹大下垂、体躯较华南型大，毛稀且多为黑白花。生长较快、肉质较好是该类型猪的主要生产特点。主要猪种有金华猪、大花白猪、宁乡猪、赣中南花猪等。

5. 西南型（7个）

西南型猪主要分布在云贵高原和四川盆地，这一区域气候温和、农业生产发达，是水稻、麦、玉米、豆类的主要产区。猪外形特点是头大、腿较粗短；毛以金黑和六白较多，少数为黑白花或红毛猪。主要猪种有内江猪、荣昌猪、乌金猪（红毛）等。

6. 高原型（1个）

高原型猪分布在青藏高原，高寒气候，饲料缺乏，终年放牧饲养。猪体型较小，体质紧凑，四肢发达，嘴尖长而直，皮厚毛长，鬃长发达且生有绒毛。主要猪种为藏猪。

二、我国优良地方猪种

1. 太湖猪

太湖猪分布于长江中下游，江苏、浙江和上海交界的太湖流域，共有7个类群。其中产于嘉定区的称为"梅山猪"，产于松江区的称为"枫泾猪"，产于嘉兴市、平湖市的称为"嘉兴黑猪"，产于武进区和靖江市的称为"二花脸猪"。还有"横泾猪""米猪""沙乌头猪"，从1974年起统称"太湖猪"。

太湖猪体型中等，各类群间有差异。以梅山猪较大，骨较粗壮，头大额宽，额部皱褶多、深，耳特大，近似三角形，软而下垂，耳尖齐或超过嘴角，形似大蒲扇；背腰宽平或微凹，腹大下垂；四肢稍高，大腿欠丰满；全身被毛稀疏，腹部更少，被毛黑色或青灰色，梅山猪的四肢末端为白色，俗称"四白脚"，也有尾尖为白色的；后躯皮肤有皱褶，随着身体肥度的增强而逐渐消失。乳头一般为8~9对。

太湖猪以高繁殖力著称，是目前已知猪品种中产仔数最多的一个品种，经产母猪每胎产仔15头左右，泌乳力高，母性好。成熟早，肉质好，性情温驯，易于管理。7~8个月体重可达75kg，屠宰率为65%~70%，胴体瘦肉率为40%~45%。太湖猪分布范围广，数量多，品种内类群结构丰富，有广泛的遗传基础。肉色鲜红，肌肉内脂肪较多，肉质好。但肥育时生长速度慢，胴体中皮的比例高，瘦肉率偏低。今后应加强本品种选育，适当提高瘦肉率，进一步探索更好的杂交组合，在商品瘦肉猪生产中发挥更大的作用。

2. 金华猪

金华猪原产于浙江省金华市的东阳市，分布于浦江、义乌、金华、永康等地。金华猪体型中等偏小。额有皱纹，耳中等大、下垂，颈短粗，背微凹，腹大微下垂，臀较倾斜，四肢细短；毛色以中间白、两头黑为特征，即头颈和臀尾为黑皮黑毛，体躯中间为白皮白毛，在黑白交界处有黑皮白毛的"晕带"，因此又称"两头乌"猪。金华猪按头型可分为寿字头型、老鼠头型和中间头型3种，现称大、中、小型。寿字头型体型稍大，额部皱纹较多而深，结构稍粗。老鼠头型个体较小，嘴筒窄长，额部较平滑，结构细致。中间型则介于两者之间，体型适中，头长短适中，额部有少量浅的皱纹，是目前产区饲养最广的一种类型。

金华猪繁殖力高，一般产仔14头左右，母性好，护仔性强，但仔猪出生重较轻；在一般饲养条件下，肥育猪8~9月龄体重63~76kg，日增重300g以上。肥育猪在育肥后期生长较慢，饲料转化率较低。金华猪性成熟早，繁殖力高，早熟易肥，屠宰率高，皮薄骨细，肉质细嫩，肥瘦比例恰当，瘦中夹肥，五花明显，但后腿欠丰满。著名的金华火腿就是由金华猪的大腿加工而成。

3. 民猪

民猪原产于东北和华北部分地区，现分布于东北三省、华北及内蒙古地区。按体型大小及外貌特点可分为大、中、小3种类型。体重150kg以上的大型猪称大民猪；体重95kg左右的中型猪称二民猪；体重65kg左右的小型猪称荷包猪。目前的民猪多属于中型猪，头中等大，嘴鼻直长，额部有纵行皱纹，耳大下垂；体躯扁平，背腰狭窄，臀部稍倾斜，腹大下垂，四肢粗壮；被毛全黑，冬季密生绒毛，鬃毛发达，飞节侧面有少量皱褶。乳头7~8对。

民猪性成熟早，母猪4月龄左右时出现初情期，母猪发情征象明显，配种受胎率高；分娩时不让人接近，有极强的护仔性。初产母猪产仔数11头左右，经产母猪13头左右。民猪有较好的耐粗饲性和抗寒能力，在较好的饲养条件下，8月龄体重可达90kg，屠宰率为72%左右，胴体瘦肉率为46%左右。

民猪是我国东北和华北广大地区在寒冷条件下育成的一个历史悠久的地方种猪。它具有繁殖力高，护仔性强、抗寒能力强、体质健壮、脂肪沉积能力强和肉质好等特点，与其他品种杂交均获得良好效果。新金猪、吉林黑猪、哈白猪和三江白猪等都是用民猪与其他猪种杂交培育而成。

4. 荣昌猪

荣昌猪主产于重庆荣昌和四川隆昌两县，后扩大到永川、泸州、合江、纳溪、大足、铜梁、江津、璧山。荣昌猪体型较大，被毛除两眼周围或头部有大小不等的黑斑外，其余均为白色，是我国地方猪种中少有的白色猪种之一。荣昌猪头大小适中，面微凹，耳中等大、下垂，额部皱纹横行，有旋毛，体躯较长，发育匀称，背腰微凹，腹大而深，臀部稍倾斜，四肢细致，结实，鬃毛洁白、刚韧。乳头 6~7 对。

荣昌猪平均日增重 488~623g，以 7~8 月龄体重 80kg 左右出栏为宜，屠宰率为 69%，胴体瘦肉率为 42%~46%。荣昌猪肌肉呈鲜红或深红色，大理石纹清晰，分布较匀。初产母猪产仔数为 8.56 头，经产母猪产仔数为 11.7 头。荣昌猪的鬃毛，以洁白光泽、刚韧质优载誉国内外。荣昌猪以适应性强、杂交效果好、遗传性能稳定、胴体瘦肉率较高、肉质优良、鬃白质好等优良特性而驰名中外。1957 年，荣昌猪被载入英国出版的《世界家畜品种及名种辞典》，成为国际公认的宝贵猪种资源。

5. 香猪

香猪是中国小体型地方猪种。中心产区在贵州省从江县、三都县与广西环江县等，主要分布在贵州、广西两省（区）接壤的榕江、荔波、融水及雷山、丹寨等县。

香猪体躯矮小，毛色多全黑，有"六白"或"六白"不全的特征。头较直，耳小而薄，略向两侧平伸或稍下垂，体躯短，背腰宽而微凹，腹大丰圆下垂，后躯较丰满，四肢短细，乳头 5~6 对。

香猪 6 月龄体高 40cm 左右，体长 60~75cm，体重 20~30kg，相当于同龄大型猪的 1/5~1/4，平均日增重仅 120~150g。成年公猪体重为 37.4kg，母猪体重为 40.0kg。母猪概数（整数）产仔数为 4~6 头。38.9kg 育肥猪屠宰率为 65.7%，胴体瘦肉率为 46.75%。体重达 30~40kg 时为适宜屠宰期。

香猪早熟易肥，皮薄骨细，肉质鲜嫩，哺乳仔猪与断乳仔猪肉味香，无奶腥味和其他异味，加工成烤猪、腊肉，别具风味与特色。香猪是我国向微型猪方向发展，用作乳猪生产等很有前途的猪种与宝贵基因库。

6. 藏猪

藏猪产于青藏高原，主要分布于西藏的山南、昌都、拉萨，四川的阿坝、甘孜，云南的迪庆，甘肃的甘南藏族自治州及青海等地。藏猪被毛多为黑色，鬃毛长而密，被毛下密生绒毛；嘴筒长直，呈锥形；面窄，额部皱纹少。耳小而平直，便于转动。体小而短、胸狭，背腰平直或微弓，腹线平直，后躯高于前躯，臀部倾斜。四肢结实，蹄质坚实、直立，乳头多为5对。

因饲养条件差，藏猪的生长发育极为缓慢，放牧条件下，成年公猪体重约43kg，成年母猪约35kg。6月龄公猪体重为14kg，母猪13kg。屠宰率不超过60%，但胴体瘦肉多，肉味香。藏猪多为放牧饲养，初产母猪产仔4~5头，3胎后可达6头，出生仔猪体重0.4~0.6kg。藏猪适应高原气候和终年放牧的粗放饲养。

三、中国地方猪种的种质特性

在品种形成过程中，因为地理环境、饲料类型、饲养方式及选种选育的差异，与国外猪种相比中国地方猪种具有许多独特的种质特性。

1. 繁殖力高

中国地方猪种性成熟早。嘉兴黑猪、二花脸猪、姜曲海猪、内江猪、成华猪、东北民猪、金华猪、大围子猪等，母猪初情期平均3月龄左右，最早的姜曲海猪为36日龄；性成熟日龄平均为4月龄左右，其中姜曲海猪为76日龄。而外国猪种如长白猪和杜洛克母猪的初情期为6~7月龄。公猪精液中首次出现精子的年龄也远比外国猪种早，如二花脸猪为60~75日龄，而大约克夏猪为120日龄。

中国地方猪种的排卵数多，上述猪种平均初产为15.44头，经产为20.75头，都较外国品种高。中国地方猪种产仔数多，世界最高产的太湖猪，初产13.48头，经产16.65头，母猪奶头8~9对。

中国地方猪种与外国猪种比较，还具备发情明显、受胎率高、繁殖障碍疾病少、泌乳量高、母性好等优良特性。

2. 肉质好

肉质性状一般以肉的嫩度、风味及色泽来衡量。肉质的好坏与生长速度、产肉量及饲养方式有关。在品种选育时，长期对产肉效率的追求导致现代高产瘦肉型猪种肉品质下降。

国外一些高度培育的瘦肉型品种和品系，具有生长快、饲料转化率高和瘦肉产量多的优点，但肉质不佳，PSE 肉比率高，给养猪产业造成了巨大的经济损失。而中国地方猪种肉质优良，肌肉嫩而多汁，肌纤维较细，密度较大，肌肉大理石花纹分布适中，肌内脂肪含量高于国外猪种，并含有较多的挥发性脂肪酸，烹调时产生特殊的香味。这一特性将成为我国猪肉竞争国际市场的优势条件之一。

3. 抗逆性强

我国幅员辽阔，自然环境类型丰富，猪种在长期的自然选择和人工选择过程中形成了对外界不良环境条件的良好适应能力。

在极端不良的气候环境和饲养条件下，我国地方猪种具有较强的抗逆性，主要表现在抗寒、耐热、耐粗饲、耐饥饿、能适应高海拔生活环境等方面。

4. 生长缓慢、早熟易肥、胴体瘦肉率低

中国地方猪种生长速度较慢，育肥期平均日增重大多在 $300\sim600g$，大大低于国外引进猪种日增重 $750\sim800g$ 水平。中国地方猪种初生重小，平均只有 700g 左右，低于国外引进品种。

阶段育肥是我国饲养地方品种的传统方式，前低后高的日粮营养使我国地方猪种腹腔内脂肪沉积能力极强，形成了中国猪种易肥、胴体瘦肉率低的特性。例如，金华猪、大花白猪、内江猪体重分别达 55kg、65kg 和 70kg 时，胴体的肉脂率已经达 1.5:1，而长白猪在 90kg 阶段，肉脂率可达 2.4:1。中国地方猪种在 90kg 体重时，脂肪率一般高于 40%，瘦肉率低于 40%，国外引进猪种的胴体瘦肉率一般高于 60%。

第三节 引入的国外优良猪种

从 19 世纪末期开始，我国逐步从国外引入 10 多个猪种，其中约克夏猪、巴克夏猪、大白猪、苏白猪、克米洛夫猪、长白猪等对我国种猪改良有较大影响。20 世纪 80 年代之后，我国开始大量引进长白猪、大约克夏猪、杜洛克猪、汉普夏猪、皮特兰猪等肉用型品种，用于经济杂交。一些国际著名猪育种公司的专门化品系及配套系如 PIC、迪卡和斯格猪等相继进入我国。目前，早期引进的一些猪种由于已经不适应时代的发展和市场的需求而逐步被淘汰，少数优良猪种仍对我国养猪生产有较大影响，如长白猪、大白猪、杜洛克猪等。

一、主要引入猪种介绍

1. 杜洛克猪（Duroc）

杜洛克猪原产于美国东北部，杜洛克猪的起源可以追溯到 1493 年哥伦布首次运至美洲的非洲海岸几内亚等国的红毛猪，它的主要亲本是纽约州的杜洛克猪和新泽西州的泽西红毛猪，原来为脂肪型，后来改良成瘦肉型猪。这个猪种于 1880 年建立品种标准，原称杜洛克泽西（Duroc Jersey），现简称杜洛克猪。

杜洛克猪全身被毛为棕红色。头轻小而清秀，耳中等大小，耳根稍立，中部下垂，略向前倾。嘴略短，颊面稍凹，体高而身较长，体躯深广，肌肉丰满，背呈弓形，后躯肌肉特别发达，四肢粗壮结实。该品种生长速度快，饲料利用率高，瘦肉率高，胴体品质好，适应性强，多作为终端父本利用。成年公猪体重 340~450kg，成年母猪体重 300~390kg，达 100kg 体重日龄165~175d，肥育期间平均日增重在 700g 以上，料肉比 2.91∶1，背膘厚 2.9cm，屠宰率 72% 以上，瘦肉率 63%~65%。杜洛克猪性成熟较晚，母猪一般在 6~7 月龄开始发情，初产母猪产仔 8~9 头，产活仔数 7 头以上，初生窝重 10kg 以上，经产母猪产仔数 10~11 头，产活仔数 9 头以上，初生窝重 13kg 以上。

杜洛克猪对世界养猪生产的最大贡献是作为商品猪的主要杂交亲本，特别是终端父本。杜洛克猪与国内猪种杂交后代多数情况下能表现出优异的日增重和饲料转化率。杜洛克猪的缺点是产仔数不多，早期生产较差。

为更好地作为终端父本利用，国外已选育出白色杜洛克猪。

2. 大白猪

大白猪（Large white）在美洲也称大约克夏猪（Large York skire），原产英国北部的约克郡及邻近地区，是以当地原有猪种与引入的中国广东猪和含有中国血统的塞莱斯特猪杂交育成，1852 年正式确定为新品种。按其体型可分为大、中、小 3 型，并各自形成独立的品种，大型的称大白猪，中型的称中白猪，小型的称小白猪。

现在全世界分布最广、应用最多的为大白猪。

大白猪体毛全白，体型大而匀称、面宽微凹、耳向前直立、四肢较高、背腰多微弓。近年来新培育出的品系也具有后躯肌肉更发达，背最长肌更粗，背中线呈一条凹沟等特点。

成年公猪体重 250～300kg，成年母猪体重 230～250kg。体重 90kg 时屠宰，屠宰率为 71%～73%，瘦肉率为 62%～64%，肉质优良。母猪平均乳头 7 对，初产母猪产仔数 9.5～10.5 头，产活仔数 8.5 头以上，初生窝重 10.5kg 以上。经产母猪产仔数 11～12.5 头，产活仔数 10.3 头以上，初生窝重 13kg 以上。近年来引进的新品系产仔数明显提高。

大白猪具有生长速度快、产仔多、仔猪初生重大、饲料利用率高、胴体瘦肉率高、肉色好、适应性强的优点，但部分个体肢蹄不够结实，易发生蹄病，后备猪发情不明显，初配受胎率较低。

大白猪在国外猪种中繁殖性能较好，在国外三元杂交体系中常作为第一母本利用，也可以用作父本。用大白猪作父本与本地母猪进行杂交，杂种优势明显。

3. 长白猪（Landrace）

长白猪原产于丹麦，原名兰德瑞斯，1887年用英国大白猪与丹麦本地猪杂交育成，是目前世界上分布最广的著名的瘦肉型猪种之一。由于体躯特长、毛色全白，因此在中国称为长白猪。目前世界上的许多国家都引入饲养，并结合本国自然经济条件进行选育，育成了适应本国实际情况的长白猪，如英系长白猪、德系长白猪、法系长白猪、荷兰长白猪等。我国引进的有丹麦、法国、瑞典、美国、加拿大等国长白猪。

长白猪外貌清秀，性情温和，全身白色，体躯呈流线型，头狭长，颜面直，耳向前倾耷。颈肩部较轻，背腰特长，稍呈拱形，腰线平直而不松弛，后躯特别丰满，乳头7~8对。各国培育的长白猪体型外貌大同小异，但各有特点，如瑞系长白猪体躯较粗壮，美系长白猪体躯较高，而后躯的肌肉不太丰满等。近年来新培育出的丹系长白猪、英系长白猪具有后躯肌肉更发达，背最长肌更粗，背中线呈一条凹沟，四肢较短等特点。

成年公猪体重达250~350kg，成年母猪体重达220~300kg，日增重750~800g，饲料利用率为2.8%~3.0%，达100kg体重日龄165~180d，日增重718~724g，料肉比2.91∶1，背膘厚2.1~2.8cm，屠宰率为72%~74%，瘦肉率为63%~65%。初产母猪产仔数9~10头，产活仔数8.5头以上，初生窝重10.5kg以上。经产母猪产仔数11~12头，产活仔数10.3头以上，初生窝重13kg以上。近年来引进的新品系产仔数明显提高。

该品种具有繁殖力较强、生长快、饲料利用率高、瘦肉率高等优点，但对饲料营养要求高，体质较弱，四肢细、抗逆性差、发情不明显，少数个体肉质较差等。用长白猪作父本与本地猪进行二元杂交或三元杂交可以提高生长速度和瘦肉率。

4. 汉普夏猪（Hampshire）

汉普夏猪原产于美国肯塔基州布奥尼地区，1904年命名为汉普夏猪，是世界著名瘦肉型品种。

汉普夏猪毛色特征明显，前肢白色，后肢黑色。最大特点是在肩部和颈部接合处有一条白带围绕，包括肩胛部、前胸部和前肢，呈一白带环，在白色与黑色边缘，由黑皮白毛形成一灰色带，故又称银带猪。头中等大小，耳中等大小而直立，嘴较长而直，体躯较长，背腰呈弓形，后躯肌肉发达。

汉普夏猪繁殖力不高，产仔数一般在9～10头，母性好，体质强健。生长性状很好，汉普夏公猪 30～100kg，平均日增重845g，饲料转化率 2.53∶1；农场大群测试，公猪平均日增重781g，母猪平均日增重 731g。

汉普夏猪胴体性状很好，尤以胴体背膘薄、眼肌面积大、瘦肉率高而著称。在三元杂交中，以汉普夏猪作终端父本亦有很好的杂交效果。但汉普夏猪适应性稍差，肉质欠佳，肉色浅，系水力差，具有特殊的酸肉效应。

5. 皮特兰猪（Pietrain）

皮特兰猪原产于比利时的布拉特地区，1919—1920 年用黑白斑本地猪与法国的贝叶猪杂交，再与美国泰姆沃斯猪杂交选育而成。1950 年被确定为新品种。

皮特兰猪体型中等，体躯呈方形。被毛灰白，夹有形状各异的大块黑色斑点，有的还夹有部分红毛。头较轻盈，耳中等大小，微向前倾，颈和四肢较短，肩部和臀部肌肉特别发达。

平均产仔数 10.2 头，断奶仔猪数 8.3 头。生长速度和饲料转化率一般，特别是 90kg 后生长速度显著减缓。胴体品质较好，突出表现在背膘薄、胴体瘦肉率很高。据法国资料报道，皮特兰猪背膘厚 0.78cm，90kg 体重胴体瘦肉率高达 70% 左右。肉质欠佳，肌纤维较粗，氟烷阳性率高，易发生猪应激综合征，产生 PSE 肉。因其胴体瘦肉率很高，能显著提高杂交后代的胴体瘦肉率，但繁殖性状欠佳，故在经济杂交中多用作终端父本。近年选育出的抗应激皮特兰猪，在适应性和肉质上都有大幅度提高。

6. PIC 配套系

PIC 配套系猪是由英国种猪改良公司培育的具有世界先进水平的配套系猪，是以长白猪、大约克夏猪、杜洛克猪、皮特兰猪四大瘦肉型猪为基础，导入包括中国太湖猪在内的其他一些著名品种血统，选育形成 20 多个专门化品系后，进行最优化组合培育而成。其主要优点为：生长速度快，产仔多，成活率高，瘦肉率高，肉质细嫩，对环境适应性较好。

PIC 配套系父母代母猪初产活仔数平均为 11.3~11.7 头，经产活仔数为 12.4~12.6 头；商品猪育肥期 30~100kg 阶段日增重 900~1 150g，料重比（2.5~2.6）∶1；出生到 90kg 出栏平均为 155d；商品代育肥猪 90kg 屠宰率为 73%~75%，胴体瘦肉率为 65%~68%。

7. 斯格配套系

斯格配套系猪是由比利时斯格遗传技术公司培育，育种工作始于 20 世纪 60 年代初，已有近 50 年的历史。一开始是从世界各地，主要是欧美等国先后引进 20 多个猪的优良品种或品系作为遗传材料，经过系统地测定、杂交、亲缘繁育和严格选择，分别育成了若干个专门化父系和母系。这些专门化品系作为核心群，进行继代选育和必要的血液引进、更新等，不断地提高各品系的性能。

斯格配套系父母代母猪胎均产仔数为 12.5~13.5 头，一生产仔胎数可达 6.8 胎。

育肥期 25~100kg 阶段，平均日增重 900g；料重比 2.4∶1；出生到 100kg 出栏平均为 150d；商品代育肥猪 100kg 时，屠宰率为 75%~78%，胴体瘦肉率为 66%~67.5%。

二、引入猪种的种质特性

1. 生长速度快、饲料报酬高

引入的国外猪种体格大，体型均匀，背腰多微弓，四肢较高，后躯丰满，体躯多呈长方形。在良好的饲养管理条件下后备猪生长发育迅速，生长育肥猪日增重高，育肥猪 20~90kg 平均日增重 550~650g，高的可达 700g 以上，全期饲料转化率在2.8以下。

2. 屠宰率和胴体瘦肉率高

引入猪种屠宰率较高，100kg 体重屠宰时，屠宰率在 70% 以上；背膘薄，眼肌面积大，胴体瘦肉率高。在适宜的饲养管理条件下，90kg 屠宰时胴体瘦肉率在 55%~62%，优秀的可达65%以上。

3. 肉质较差

引入猪种肉质不如我国地方品种，具体表现在肌纤维较粗、肌肉内脂肪少，出现 PSE 肉的比例高，尤其皮特兰猪的 PSE 肉发生率高。此外，肉色、肉的风味也不及我国地方猪种。

4. 繁殖性能差

与我国地方猪种相比，引入的国外猪种母猪通常发情不太明显，配种难，产仔数较少。近几年引进的新品系繁殖性能有较大提高。

5. 抗逆性较差

引入的国外猪种对饲养管理条件要求较高，需要较多的精饲料，在较低的饲养水平下，生长发育迟缓，抗病力差。

第四节　我国培育的猪种

中华人民共和国成立至今，我国养猪工作者和育种专家育成猪新品种、新品系 50 多个。这些培育品种（系）弥补了地方猪种的缺点，在体型、体长、体高、背膘及后躯发育等方面有明显改善，同时不同程度上也继承了地方猪种繁殖率高、肉质好和抗逆性强等各方面的优势。但由于育成的历史较短，培育品种（系）在选育程度上尚不及引入的国外品种，存在群体小、整齐度差及遗传不稳定等缺陷，因此在现代规模化养猪中使用不多。

一、哈尔滨白猪

哈尔滨白猪简称哈白猪，是由民猪与约克夏猪、巴克夏猪杂交后形成杂种群进行选育，再引入苏白猪进行级进杂交后选育而形成。广泛分布于黑龙江省。

哈白猪体型较大，全身被毛白色，头中等大小，两耳直立，面部微凹，背腰平直，腹稍大但不下垂，腿臀丰满，四肢健壮，体质结实，乳头 7 对以上。

哈白猪公猪成年体重 222kg，体长 149cm；母猪成年体重176kg，体长 139cm。据 380 窝初产母猪的统计，平均产仔数 9.4头；1 000 窝经产母猪统计平均产仔 11.3 头。屠宰率为 74%，膘厚 5cm，眼肌面积 30.81cm²，后腿比例为 26.45%；90kg 屠宰胴体瘦肉率在 45% 以上。

哈白猪具有较强的抗寒、耐粗饲能力，肥育期生长速度快、耗料少、母猪产仔及哺乳性能好。因此与民猪、三江白猪以及产区其他品种杂交效果明显，在日增重和饲料利用率方面呈现较好的杂交优势。

二、苏太猪

苏太猪是以二花脸和枫泾猪为母本、杜洛克猪为父本，通过杂交选育而成，并于 1999 年通过国家家畜禽品种资源委员会审定。

苏太猪全身被毛黑色，耳中等大垂向前下方，头面有清晰的皱纹，嘴中等长而直，四肢结实，背腰平直，腹小，后躯丰满，身体各部位发育良好，瘦肉型猪特征明显。

苏太猪产仔多、生长速度快、瘦肉率高、耐粗饲、肉质鲜美。标准饲养管理条件下，肥育至 90kg 体重的日龄为 178d，屠宰率为 73%，平均背膘厚 2.33cm，胴体瘦肉率达 56%。母猪平均乳头 7 对以上，初产母猪平均产仔 11.68 头，经产母猪平均产仔 14.45 头。苏太猪是生产瘦肉型商品猪比较理想的母本，以苏太猪为母本与大约克或长白公猪交配产生的杂种猪，瘦肉率可达 60%，日增重 750g 以上。适合于我国大部分地区饲养，适合规模猪场和农户饲养。

三、三江白猪

三江白猪主产于东北三江平原，黑龙江省东部合江地区境内。它是在当地特定条件下由民猪和来自英国、瑞典、法国的长白猪杂交选育而成的我国第一个瘦肉型猪种。

三江白猪被毛全白，毛丛稍密，头轻嘴直，耳下垂或稍前倾，背腰宽平，腿臀丰满；四肢粗壮，蹄质坚实；乳头 7 对，排列整齐。

三江白猪继承了民猪在繁殖性能上的优点，性成熟早，初情期约在 4 月龄，发情征兆明显，配种受胎率高。

初产母猪平均产仔 10.2 头，经产 12.4 头。三江白猪 6 月龄后备公母猪体重分别为 85.55kg、81.23kg；成年公猪体重 250~300kg，母猪 200~250kg。

三江白猪具有生长快、饲料利用率高的特点，据测定标准饲养条件下，肥育猪达 90kg 需 182d，20~90kg 平均日增重 600g，每千克增重耗料不超过 3.5kg。

三江白猪继承了民猪许多优良特性，对寒冷气候具有较强的适应性，对高温的亚热带气候也有较强的适应能力，并且在农场生产条件下饲养，表现出生长迅速、饲料消耗少、抗寒、胴体瘦肉多、肉质好等特点，与国外引入猪种和国内培育及地方品种均有较好的杂交配合力。

四、北京黑猪

北京黑猪主要育成于北京国有双桥农场和北郊农场，集中分布于北京各区及郊县，并已经推广到河北、河南及山西等多个省。由巴克夏、中约克夏、苏联大白猪、新金猪、吉林黑竹猪、高加索猪等与华北型的本地猪进行广泛杂交猪群中，选留黑色种猪培育而成。

北京黑猪体质结实，结构匀称，全身被毛黑色。头中等大小，外形清秀，两耳向前上方直立或平伸，面微凹，额宽，嘴筒直。颈肩结合良好，背腰平直且宽，腹部平直，四肢强健，腿臀丰满，背膘较薄，乳头一般 7 对以上。

北京黑猪初产母猪 10.4 头/胎，经产母猪 12 头/胎，7.5 月龄可参加配种；育肥猪日增重 609g，90kg 胴体瘦肉率为 51.5%。抗病力强、耐粗饲、抗应激，生长快，6 月龄后备公、母猪体重分别为 90.1kg 和 89.55kg，成年公、母猪体重约 260kg 和 220kg。

五、湖北白猪

湖北白猪是用英国大白猪，丹麦、英国、瑞典、法国的兰德瑞斯猪和地方优良品种（通城猪、荣昌猪）杂交育成，1986 年经过鉴定验收成为我国第 2 个瘦肉型新猪种，分布于湖北省江汉平原数十个国有农场，湖北白猪包括 5 个品系。这 5 个品系中既具品种共性又各具特点，如Ⅲ系繁殖力高、适应性好，而Ⅳ系瘦肉率、产肉量较高。

湖北白猪全身被毛白色，体格较大，具有较典型的瘦肉型猪体型。头稍轻、直长，两耳前倾或稍下垂，背腰平直，中躯较长，腹小，腿臀丰满，肢蹄结实，乳头 7 对。

成年公猪体重 250～300kg，母猪体重 200～250kg。具有胴体瘦肉率高、肉质好、生长发育快、繁殖性能优良等特点。20～90kg 育肥期Ⅰ、Ⅱ、Ⅲ系平均日增重 560～620g，料重比（3.17～3.27）∶1；Ⅳ、Ⅴ系平均日增重 622～690g，料重比 3.45∶1。90kg 屠宰胴体瘦肉率达 60%左右。

湖北白猪适应性好，对高温、湿冷的耐受能力强，耐粗饲，与杜洛克猪具有很好的杂交效果，是生产商品瘦肉猪的优良母本。

我国育种工作者于 20 世纪 90 年代后也陆续选育出配套系，如深圳光明畜牧合营有限公司培育的光明猪配套系（1998 年）、深圳市农牧有限公司培育的深农猪配套系（1998 年）、河北省畜牧兽医研究所等培育的冀合白猪配套系（2002 年）、北京养猪育种中心培育的中育猪配套系（2004 年）、云南农业大学等培育的撒坝猪配套系（2005 年）等，利用这些配套系生产出的商品猪均具有生长速度快、饲料报酬高、胴体瘦肉率高等优点，但由于种种原因，配套系的推广利用范围有限。

第三章　生态养猪营养需要与饲料配合

第一节　消化与吸收

一、消化

　　猪对饲料的消化包括物理性消化、化学性消化及微生物消化。物理性消化主要靠猪口腔内牙齿和消化道管壁的肌肉运动把饲料撕碎、磨烂、压扁，有利于在消化道内形成多水的食糜，为胃肠中的化学性消化（主要是酶的消化）、微生物消化做好准备。同时，通过消化道管壁的运动，把食糜研磨、搅拌并从一个部位运送到另一个部位。胃是猪主要的物理消化器官，对改变饲料粒度起着十分重要的作用。化学性消化主要指酶的消化，酶的消化是高等动物主要的消化方式，是饲料变成动物能吸收的营养物质的一个过程。不同种类动物酶消化的特点明显不同。猪的微生物消化主要部位在盲肠和大肠内，可将不能被宿主动物直接利用的物质转化成能被宿主动物利用的高质量的营养素，产生一些挥发性脂肪酸及 B 族维生素。但是微生物消化过程在消化道的末端，所以利用率有限。猪采食的饲料或食物在胃和小肠中被消化，消化了的营养物质主要在小肠中被吸收。消化道从口腔一直延伸到肛门。

　　简单地说，消化就是吸收前的准备。它包括机械作用，如咀嚼和胃肠的肌肉收缩。另外，还有胃肠道酶的化学作用。消化过程的所有作用是从化学上使食物颗粒变小和具备吸收必需的可溶性。

　　消化由口腔开始，食物被咀嚼成小块，以增加表面积，便于各种消化液和酶的作用。口腔产生的唾液使干燥的饲料变得湿润，便于吞咽。唾液中所含的淀粉酶，对淀粉进行初步分解。唾液中还含有碳酸氢盐离子（重碳酸盐），在胃中作为缓冲剂，保持胃的酸度在一个合适的水平。味觉的敏感性产生于口腔，以决定是否喜欢所提供的饲料。如桂竹香糖芥或烧焦的饲料的怪味道会导致猪拒食。

食物被咀嚼并与唾液混合后称为食团。食团通过吞咽作用经过食道从口腔进入胃。在吞咽的过程中，食道肌肉自前而后有节律地收缩和舒张，从而使食物进入胃中。食物通过贲门括约肌进入胃中，这是食道的终点，与胃连接，它可以收缩关闭胃的入口。这对防止胃内容物向食道倒流是必需的。

胃是一个中空的、豆状器官，一头 100kg 猪的胃容量为 6~8L。经过胃的不断蠕动作用后，食物进一步软化分离成微粒。胃壁上有一些不同种类的特殊细胞，如壁细胞、主细胞和黏液细胞等，产生胃液。胃液包含几种酶，继续进行消化过程。如脂肪酶作用于脂肪产生单酸甘油酯和短链脂肪酸，胃蛋白酶把蛋白质分解为氨基酸。胃蛋白酶在胃中被酸激活，胃中的一种特殊细胞分泌盐酸，并成为胃液的组成部分。酸在胃中起着对动物的保护作用，防止由于胃中病菌的增长伤害或致死动物。哺乳仔猪胃液还包含凝乳酶，分解乳中的蛋白质。胃被黏膜层所保护，以防止酸或消化酶的损伤。

食物离开胃时几乎成为液态，此时被称为食糜。食糜通过幽门括约肌进入小肠。幽门括约肌的开放和关闭控制着食糜到小肠的通路。通常，食物要在胃中停留 1~2h，然后慢慢进入小肠。小肠是一个长管状肌肉组织，在腹腔中处于一种折叠状态。1 头 100kg 的猪，小肠长约 18m，容量约为 19L。小肠可分为 3 部分，十二指肠占 5%、空肠占 90%、回肠占 5%。

胆汁和胰液含有消化酶，分泌在十二指肠。胆汁产生于肝，在流入肠道前贮存于胆囊。胆汁中含有能够中和食糜中酸性的多种盐类，并且把食糜中脂肪分解成非常小的微粒以备消化，这个过程被称为乳化。胰液由胰产生，含有多种酶消化淀粉

（淀粉酶）、蛋白质（胰蛋白酶、糜蛋白酶和羧肽酶）和脂肪（脂肪酶）的酶。蛋白消化酶以非活性态产生，进入十二指肠后被激活。胰蛋白酶在钙存在的情况下自己就激活了，转而又激活了糜蛋白酶和羧肽酶。淀粉酶和脂肪酶以活性形态产生。胰液还包含重碳酸盐，是迅速降低由胃进入十二指肠食糜酸度的重要因子，从而使酸碱度（pH 值）处于中性。

由于十二指肠的分泌增加了食糜的量，这些分泌物全是碱性和黏液性的，主要包括重碳酸盐和少量的淀粉消化酶。在空肠和回肠消化过程继续进行。几乎所有的消化过程都是在小肠中进行的，小肠的不断蠕动和混合起辅助作用。

大肠包括两部分，一个呈袋状结构的被称为盲肠，另一部分是结肠，通向直肠和肛门。这部分消化道没有消化液分泌。猪的盲肠很小，相对来说没有任何功能。肠内容物在结肠运动很慢，粗纤维被微生物不同程度地消化，产生挥发性脂肪酸，猪吸收这些脂肪酸作为能量利用。虽然日粮中这种形式来源的能量不多，但对老龄动物还是比较显著的。

大肠的主要功能是吸收水分和无机盐。在直肠形成粪便，并贮存在那里等待由肛门排出。食物通过全部消化道需要 24~36h。

二、吸收

吸收是营养物质通过肠壁进入血液循环的过程。淀粉、蛋白质、脂肪被消化后，营养物质就准备被吸收进入猪的血液循环。这些营养物质的吸收是在小肠中进行的，被吸收的营养通过血液被带到身体所需要的各个器官。小肠内壁的结构可确保营养物质能被有效地吸收，其表面由被称为绒毛的指状凸出物组成，以增加肠壁表面积来增加吸收能力。绒毛周围是更小的凸出物，被称作微绒毛，它进一步增加肠壁的表面面积。小肠壁包含了非常特殊的细胞，它具有吸收功能。

粪中所含各种养分并非全部来自饲料，有少量来自消化道分泌的消化液、肠道脱落细胞、肠道微生物等内源性产物。

第二节　猪各生长阶段的营养素需要量

一、断奶仔猪的营养素需要量

虽然断奶仔猪的营养素需要量很重要，但由于消化器官还未成熟，所以饲料的营养素利用率也非常重要。在消化酶的分泌中，可以分解乳糖的乳糖酶（Lactase）的活性是逐渐减小的，在此过程中，可以供给一定量的乳糖成分，进而刺激乳糖酶的分泌。特别是在断奶之后，因饲料摄取量减少，会出现腹泻或生长停滞等现象。以前为了加快生长速度，添加了高含量的蛋白质，但现在是为了预防腹泻，所以应添加低蛋白饲料。

（一）能量需求

因受到断奶的应激，仔猪饲料采食量和日增重有所下降。仔猪断奶之前是通过母乳的乳糖或脂肪获取能量，但是断奶后要从固体饲料中的淀粉或其他碳水化合物中获取能量。20kg以下仔猪因消化器官未发育完全，所以采食量会较少。对于仔猪来说，会因为消化器官不发达而无法满足饲料采食量的要求。为提高饲料利用效率，提高饲料采食量，获得最佳营养素利用率，在配制饲料时要考虑饲料的适口性和消化率，使用能量含量高的原料。在选择蛋白质和能量的来源时，要考虑影响饲料采食量的因素。

仔猪的日增重随着日龄的增加而增加。仔猪的维持能量（ME）需要量为每千克代谢体重468.61kJ，用于代谢过程、身体活动、体温调节等方面。断奶仔猪所需要的能量数值，以NRC饲养标准为基准，与育成、育肥猪一样，饲料是以ME 13.66MJ/kg配合设定的，但是因饲料采食量的原因，能量摄取量有一定差异。对5～10kg的断奶仔猪来说，每天采食饲料500g，能量（ME）需要量是6.78MJ/d左右；对10～20kg的仔猪来说，每天采食饲料1 000g，能量（ME）需要量是13.66

MJ/d 左右。

（二）蛋白质和氨基酸需要量

断奶对仔猪的影响是环境发生了很大变化，断奶后要减少仔猪与病原菌的接触，避免蛋白质的缺乏。蛋白质容易消化，适口性也好，对于仔猪生长尤为重要，所以适当地诱导仔猪采食蛋白质饲料很重要。由于乳糖分解酶的活性高，所以与豆粕提供的蛋白质相比，牛奶蛋白质或乳制品的蛋白质供给对仔猪生长和饲料利用率更高。

断奶仔猪的氨基酸和蛋白质需要量，在过去 15 年里一直在增加，从 NRC 饲养标准来看，体重在 3～20kg 时的需要量可用以下公式计算：

总赖氨酸（%）$= 1.793 - 0.0873 \times BW + 0.00429 \times BW^2 - 0.000\ 089 \times BW^3$

式中，BW 为仔猪体重。

利用公式得出的仔猪对蛋白质的需要量：体重 5kg 的仔猪为 1.45%，10kg 的仔猪为 1.25%，15kg 的仔猪为 1.15%，20kg 的仔猪为 1.05%。积累蛋白质的赖氨酸需要量是总需要量减去维持需要而得出的。在氨基酸需要量的计算公式中，不考虑影响断奶仔猪需要量的胴体生长遗传性潜在力、健康状况以及性别等因素，而通过一般用的生长模板求得的氨基酸需要量是以 20kg 猪的肌肉生长率为准的，而未考虑初生期的仔猪，所以从仔猪后期过渡到育成阶段（19.9～20kg）会有氨基酸需要量的差异。

断奶仔猪时期的生长是靠摄取能量维持的，所以要考虑饲料中氨基酸和能量的比例。在消化能的摄取量中，要考虑到环境温度和饲养密度的影响。很多研究表明，断奶仔猪的可消化赖氨酸和代谢能的比例为 4.1～4.2。但是因没有考虑到断奶后饲料内脂肪利用率的下降，所以评价有些偏低。断奶后体重高或日龄小的猪，赖氨酸和能量比例会减少，22kg 猪的比例在 3.3 左右（表 3-1），这种断奶仔猪对应激很敏感，饲料采食量少，所以要供给能够满足营养素需要量的饲料。

表 3-1 3~22kg 猪的氨基酸需要量

项目	体重范围			
	3~5kg	5~7kg	7~11kg	11~22kg
可消化赖氨酸与能量比率	4.2	4.1	3.5	3.3
总赖氨酸（%）	1.65	1.55	1.35	1.30
相对于赖氨酸的各氨基酸需要量				
蛋氨酸（%）	27.5			
色氨酸（%）	16			
苏氨酸（%）	62			

（三）维生素和矿物质需要量

断奶仔猪对维生素的需要量受到日龄、健康状况、环境、生长潜力、饲料等很多因素的影响。维生素一般以预混料的形式添加，大部分可以满足需要。添加到饲料中的维生素，分别是维生素 A、维生素 D、维生素 E、维生素 K 等脂溶性维生素和维生素 B_{12}、烟酸、泛酸、核黄素等水溶性维生素。一般饲料公司添加维生素 B 复合剂的量是 NRC 饲养标准的 3~4 倍，体重越大、越健康的猪，它所要求维生素 B 复合剂的量就会越多。

断奶仔猪对矿物质的需要量分为钙、磷、钠、氯等常量矿物质元素，以及铜、碘、铁、镁、锌等微量矿物质元素。常量矿物质元素在乳制品或蛋白质原料中含量丰富，添加范围也广。补钙是从断奶到体重 20kg 为止，需要量从 0.80% 减少到 0.75%，有效磷需要量为 0.32%~0.40%。添加钠和氯可以改善生长效果。作为微量矿物质元素的铜和锌，可促进猪的生长，铜的要求为 6~10mg/kg，锌为 80~100mg/kg（表 3-2）。添加 100~250mg/kg 的铜，有促进生长的效果。锌添加量不超过

2 500mg/kg，可防止腹泻并可促进生长。但是添加过多的锌，排出量也会增多，造成环境污染。矿物质可分为无机态和有机态，无机态矿物质吸收率高，而有机矿物质的利用率高。

表 3-2　断奶仔猪每千克饲料矿物质和维生素需要量

项目	体重	
	5~10kg	10~20kg
矿物质需要量		
钙（%）	0.80	0.70
有效磷（%）	0.40	0.32
钠（%）	0.20	0.15
锌（mg）	100.00	80.00
锰（mg）	4.00	3.00
铁（mg）	100.00	80.00
铜（mg）	6.00	5.00
碘（mg）	0.14	0.14
硒（mg）	0.30	0.25
维生素需要量		
维生素 A（IU）	2 200.00	1 750.00
维生素（IU）	220.00	200.00
维生素 E（IU）	16.00	11.00
维生素 K（mg）	0.50	0.50
生物素（mg）	0.05	0.05
胆碱（g）	0.50	0.40
叶酸（mg）	0.30	0.30
烟酸（mg）	15.00	12.50
泛酸（mg）	10.00	9.00
核黄素（mg）	3.50	3.00

（续表）

项目	体重	
	5~10kg	10~20kg
硫氨酸（mg）	1.00	1.00
维生素 B_6（mg）	1.50	1.50
维生素 B_{12}（mg）	17.50	15.00

二、育成、育肥猪的营养需要量

育成、育肥猪的营养需要在为猪提供合适的营养、体重增加及改善肉质等方面都很重要。

利用饲料供给的营养可以满足动物的需求，剩余的营养在体内储存或与不必要的营养一起被排出体外。育成、育肥猪营养需求由于生长阶段和环境条件的差异，表现出多样性。所以可通过对猪营养需求的了解，防止不必要的营养浪费。供给适当的营养，可对最佳的生长状态和肉质的改善有一定效果。

（一）能量需要

育成、育肥猪的 NRC 营养需要量表分为 20~50kg、50~80kg、80~120kg，饲料每 1kg 代谢能的需要量规定为 13.66MJ。一般育成、育肥猪积累 1kg 蛋白质需要代谢能 44.35MJ，1kg 脂肪需要 52.3MJ。这是因为肌肉组织中蛋白质比例低于脂肪组织中脂肪比例，所以生成 1kg 时，相应组织的能量需要量较低。在猪育成、育肥期，饲料内能量和蛋白质的比例会使体组织产生变化。添加高水平的能量和蛋白质，可提高日增重和饲料利用率，但是由于过剩的能量会增加脂肪的沉积量。所以，在蛋白质的水平相同时，能量水平越低，屠宰率和净肉率会越高。

育成、育肥期能量水平会影响饲料采食量。因为猪的自发性饲料采食，可以满足能量的需要量，所以过多的能量会减少饲料采食量。在高能量饲料中蛋白质的水平越低，对最适合营养素的添加难度越大，所以要合理地调节能量和蛋白质的比例。为了查明育成猪适当的赖氨酸和能量的比例，提高饲料采食量和蛋白质的摄取量，人们仍在进行着很多研究。已知最佳的赖氨酸和消化能（DE）的比例为 14.64mg/kJ。因为猪的遗传能力、生长阶段、环境等因素对能量的需求有影响。

表 3-3 是不同体重育成、育肥猪对以玉米和豆粕为主的饲料的采食量，以及相对应的能量摄取量。饲料采食量因环境温度有一定的差异。环境温度低时饲料采食量会增加，温度高时会减少。所以，要考虑饲料采食量和相关饲料能量的含量，这样才能提高生长速度和蛋白质的蓄积。

表 3-3　育成、育肥猪的日能量摄取量和饲料采食量

体重（kg）	代谢能（MJ/d）	饲料采食量（kg/d）
20	16.44	1.19
30	23.93	1.73
50	29.39	2.12
70	35.96	2.60
90	40.46	2.93
110	44.14	3.19

（二）蛋白质和氨基酸需要量

给猪制定出合理的氨基酸需要量，会得到很高的经济效益。对于最佳的生长和肌肉合成，要认真考虑蛋白质的供给。氨基酸的需要量受到很多因素的影响，包括饲料中蛋白质的水平、能量含量、环境温度和性别等。大部分氨基酸的需要量是通过添加不同水平的氨基酸后，以效果最好的为准，NRC 猪的营养需要（1998）也是这样制定出来的。但是这样的研究没能考虑到全部因素，所以要对不同水平试验分析其相关因素。氨基酸需要量是在考虑维持、生长等很多因素后才能确定的。

育成、育肥猪氨基酸需要量对产肉的体蛋白质积累和肌肉的合成非常重要，这跟遗传能力有很大的关系。为了得到最大的生长效率，对饲料中必需氨基酸的研究有很多。特别是对猪的第一限制性氨基酸——赖氨酸的研究。NRC 猪的营养需要（1998）与以前的 NRC（1988）相比，赖氨酸的需要量更高，因现代高产猪的遗传要求与改良方向为瘦肉型，所以对氨基酸的需要量会增大。

在猪饲料中玉米-豆粕等谷物类饲料氨基酸中的赖氨酸含量非常少，所以在猪饲料中赖氨酸是第一限制氨基酸，赖氨酸主要用于肌肉蛋白质合成。它在体内沉积率很高，所以如果摄取量增加，体内赖氨酸含量也会增加。

在 NRC 猪的营养需要（1998）中，给 20~50kg 育成猪要供给 0.95% 赖氨酸，50~80kg 育肥猪前期供给 0.75%，80~120kg 育肥猪后期供给 0.60%。对于蛋氨酸，20~50kg 育成猪供给 0.25%，50~80kg 育肥猪前期供给 0.20%，80~120kg 育肥猪后期供给 0.16%。随着生长阶段的变化，蛋氨酸可通过谷类原料满足猪的需求量。在以玉米、豆粕为主的饲料中色氨酸含量很少。NRC 猪的营养需要中规定，给 20~50kg 育成猪供给 0.17% 色氨酸，50~80kg 育肥猪前期供给 0.14%，80~120kg 的育肥猪后期供给 0.11%。最近，为了提高氨基酸的利用率，对氨基酸平衡方面进行了很多研究。

（三）维生素和矿物质需要量

维生素和矿物质对猪来说是必不可少的营养素。由于这两个营养素主要是以预混料的形式添加，所以可能会忽略其重要性。但维生素和矿物质或多或少都会对猪的生理机能和生长带来很大的影响。

维生素在调节代谢过程中起着重要作用。虽然维生素不能构成动物的体组织，与蛋白质、钙、磷、碳水化合物、脂肪等相比，含量也很少。但是维生素对维持猪体内的正常机能起着重要作用。

　　矿物质在猪的结构成分中只占体重的5%，但其参与猪的生长和代谢、消化、骨骼组成等很多机能。矿物质添加过多会出现矿物质中毒，缺乏时会对骨骼有影响，所以要合理地添加矿物质。为了猪的生长和健康，添加矿物质是必需的，主要有钙、磷、钠、氯、钾、镁、锌、碘、锰、铁、铜、硒等。NRC猪的营养需要的矿物质和维生素需要量见表3-4。

表3-4　育成、育肥猪不同体重阶段的矿物质和维生素需要量

	20~50kg	50~80kg	80~120kg
矿物质需要量			
钙（%）	0.60	0.50	0.45
有效磷（%）	0.23	0.19	0.15
钠（%）	0.10	0.10	0.10
铁（mg/kg）	60.00	50.00	40.00
锌（mg/kg）	60.00	50.00	40.00
铜（mg/kg）	4.00	3.50	3.00
锰（mg/kg）	2.00	2.00	2.00
碘（mg/kg）	0.14	0.14	0.14
硒（mg/kg）	0.15	0.15	0.15
维生素需要量			
维生素A（IU/kg）	1 300.00	1 300.00	1 300.00
维生素D（IU/kg）	150.00	150.00	150.00
维生素E（IU/kg）	11.00	11.00	11.00
维生素K（mg/kg）	0.50	0.50	0.50
烟酸（mg/kg）	10.00	7.00	7.00
核黄素（mg/kg）	2.50	2.00	2.00
泛酸（mg/kg）	8.00	7.00	7.00
维生素B_{12}（mg/kg）	10.00	5.00	5.00

（续表）

	20~50kg	50~80kg	80~120kg
生物素（mg/kg）	0.05	0.05	0.05
硫氨酸（mg/kg）	1.00	1.00	1.00
叶酸（mg/kg）	0.30	0.30	0.30
维生素 B_6（mg/kg）	1.00	1.00	1.00
胆碱（g/kg）	0.30	0.30	0.30

第三节　饲料原料及主要营养成分

在养猪场的直接成本中，饲料占到80%左右，所以，饲料的合理应用，是十分值得规模化养猪场重视的。

一、猪的营养需要

猪的营养标准、日粮中粗纤维含量、维生素及矿物质添加量以及对水的需要量如表3-5至表3-9。

表3-5　猪的最低营养标准

营养成分	乳猪	仔猪	育成猪	育肥猪	哺乳母猪	妊娠母猪
消化能（kcal/kg）	3 400	3 350	3 300	3 200	3 350	3 100
粗蛋白（%）	21	19	16	14	16	14
赖氨酸（%）	1.25	1.25	0.8	0.65	0.8	0.6
可消化赖氨酸（%）	1.0	0.8	0.65	0.5	0.65	—
蛋氨酸+胱氨酸（%）	0.75	0.6	0.48	0.4		
苏氨酸（%）	0.85	0.68	0.55	0.44		
钙（%）	0.90	0.80	0.80	0.80	0.90	0.90
磷（%）	0.70	0.65	0.65	0.70	0.70	0.70
盐（%）	0.40	0.40	0.40	0.40	0.40	0.40

（续表）

营养成分	乳猪	仔猪	育成猪	育肥猪	哺乳母猪	妊娠母猪
维生素 A（IU）	7 500	7 500	5 000	5 000	5 000	7 500
维生素 D（IU）	750	750	500	500	750	750
维生素 E（IU）	35	35	30	30	35	35
胆碱（mg）	600	600	300	300	600	600

表 3-6　猪日粮中粗纤维的含量

日粮	含量	日粮	含量
幼猪日粮（%）	3.5~4.0	哺乳猪日粮（%）	6.0~8.0
生长猪日粮（%）	1.0~5.0	妊娠猪日粮（%）	25.0
育肥猪日粮（%）	5.0~7.0		

表 3-7　猪日粮中维生素的建议添加量

维生素	哺乳及断奶仔猪	生长及育肥猪	母猪及公猪
	每千克日粮需要量		
维生素 A（IU）	7 500	5 000	7 500
维生素 D（IU）	500	500	1 000
维生素 E（IU）	40	40	60
维生素 K（mg）	2	2	2
维生素 B_{12}（μg）	30	25	25
核黄素（mg）	12	12	12
烟酸（mg）	40	30	30
泛酸（mg）	25	20	20
胆碱（mg）	600	300	600
生物素（mg）	250	0	250
叶酸（mg）	1.6	0	4.5

表3-8 猪日粮中矿物质的建议添加量

矿物质	哺乳仔猪	断奶仔猪	生长猪	育肥猪	哺乳母猪	妊娠母猪
钙（%）	0.95	0.8	0.7	0.6	0.9	0.9
磷（%）	0.75	0.65	0.6	0.5	0.7	0.7
食盐（%）	0.3	0.3	0.3	0.3	0.5	0.5
铁（mg/kg）	150	150	150	150	150	150
镁（mg/kg）	20	20	20	12	12	12
锌（mg/kg）	120	120	120	100	100	120
铜（mg/kg）	125	125	20	20	20	20
碘（mg/kg）	0.2	0.2	0.2	0.2	0.2	0.2
硒（mg/kg）	0.3	0.3	0.3	0.3	0.3	0.3

表3-9 猪在不同阶段和生理功能情况下对水的需要

猪的不同阶段	日消耗水量（L）	饮水器离地高度（cm）	安装角度（°）
哺乳仔猪	适当数量以保证满足补饲	12	45
断奶仔猪	1.3~2.5	25	90
生长猪	2.5~3.8	25~35	90
育肥猪	3.8~7.5	55	45
断乳母猪、后备猪及公猪	13~17	80~90	90
哺乳母猪	18~23	80	90

二、猪的饲料种类

（一）蛋白质饲料

蛋白质饲料是指饲料干物质中粗蛋白含量在20%以上、粗纤维含量在18%以下的饲料。这类饲料的主要特点是粗蛋白含量多且品质好，其赖氨酸、蛋氨酸、色氨酸等必需氨基酸的含量高，粗纤维含量少，易消化。如肉类、鱼类、乳品加工副产品、豆饼、花生饼、菜籽饼等。

1. 植物性蛋白质饲料

（1）豆粕（豆饼）。大豆原产于我国，主要分布在东北、华北、西北及内蒙古等地。据吉林省农业科学院畜牧所分析，大豆含粗蛋白36.2%、粗脂肪16.1%，由于富含蛋白质、脂肪等营养成分，适合于作为猪的精饲料。而豆粕是大豆榨油之后的附属品，属蛋白原料。应用豆粕时要注意以下事项。

①作为蛋白饲料原料，配合饲料中，豆粕的含量要根据猪的不同生长阶段和生长要求而定，使用量不能太高，也不能太低。

②根据豆粕和本身蛋白质的含量，适当调整其在配合饲料中的百分比。因为大豆产区发生自然灾害等情况时大豆的蛋白质含量降低，若不及时调整配方，对猪的生长发育会造成一定的影响。

③大批使用的豆粕，每批都要检验，一是检验有无掺假现象，有时可能发现豆粕里掺有菜籽等；二是检验蛋白质的含量，以确保豆粕的可利用性和有效性。

④豆粕颜色以浅黄色为主，太深则过熟，太浅则过生，过熟或过生的豆粕都会降低其利用率，影响猪的正常生长。

（2）花生粕（饼）。花生粕是脱壳的花生籽实制油后的副产品，其营养价值因花生壳混入量的多少而不同。不含壳的花生粕含粗蛋白43%以上，但蛋白质品质不如豆粕，主要原因是赖氨酸含量低，所以营养价值低于豆粕。花生和花生粕都易感染黄曲霉，产生黄曲霉毒素 B_1，我国饲料卫生标准（GB 13078—2001）规定：花生粕（饼）黄曲霉毒素 B_1<0.05mg/kg。猪采食含有黄曲霉毒素 B_1 饲料后，畜产品中残留的黄曲霉毒素 B_1 同样危害人类。花生粕（饼）含油高，在高温季节容易酸败，所以花生粕（饼）不宜长期贮存。大量饲喂花生粕（饼）能使猪的胴体脂肪变软，肉的品质下降。由于花生粕（饼）中

赖氨酸和蛋氨酸含量低，应适当补充合成赖氨酸和蛋氨酸，或与动物性蛋白质饲料配合使用，比单一使用效果更好。

（3）棉籽饼。棉籽饼是棉籽去皮或部分带皮榨油后的副产品。棉籽饼含粗蛋白30%以上。棉籽饼赖氨酸含量较低，在饲喂时不能单独使用，应与其他蛋白质饲料配合使用。棉籽中含有有毒物质游离棉酚，游离棉酚能使猪发生腹水、心脏肥大、肺水肿等。随着游离棉酚的增多，猪的生长速度下降。为了防止游离棉酚的有毒作用，可用棉籽饼和硫酸亚铁按 $1:5$（$FeSO_4 \cdot 7H_2O$）或 $1:1$（$FeSO_4 \cdot H_2O$）的比例添加，经充分混合后饲喂。在仔猪饲料中不要用棉籽饼，在商品肉猪中游离棉酚含量应小于 0.02%。

（4）菜籽粕（饼）。菜籽粕（饼）是油菜籽制油后的副产品。含粗蛋白37%以上，赖氨酸含量低，蛋氨酸含量高。菜籽粕含有硫葡萄糖苷，在体内相应酶的作用下产生有毒物质恶唑烷硫酮和异硫氰酸酯，能使甲状腺肿大。现已培育出含低硫葡萄糖苷的油菜品种，应推广应用。菜籽粕还含有单宁，适口性差。仔猪不要饲喂菜籽粕，育肥猪不要超过 8%，母猪不要超过 4%。

（5）向日葵仁粕（饼）。向日葵仁粕（饼）是向日葵仁（部分带皮）制油后的副产品。向日葵仁粕因带皮的多少营养水平相差很大。粗蛋白 23%~38%，粗纤维 15%~28%，蛋白质中赖氨酸含量低，蛋氨酸和脂肪含量高，B 族维生素丰富。向日葵仁粕（饼）与豆粕或动物性蛋白质饲料配合使用效果较好。

（6）其他加工副产品。玉米加工副产品如玉米蛋白粉、玉米蛋白饲料，制酒、酱油加工副产品如酒糟、酱油渣等，此类饲料中粗蛋白含量在 22%~28%，属于蛋白质饲料。玉米蛋白粉是将玉米胚芽和外皮去掉，将淀粉与蛋白质分离后，蛋白质部分脱水干燥后的产品，一般含蛋白质 45%~65%，蛋白质品质较差，赖氨酸和色氨酸含量低，蛋氨酸和亮氨酸含量高。玉米蛋白饲料是玉米除胚芽和淀粉外的所有物质，含粗蛋白 20% 左右。

酒糟是制酒后留下的残渣，有酒糟、啤酒糟和酒精糖等。营养价值因酿酒原料和产品品种不同而有区别，一般酒糟（DDGS）喂猪效果较好。酒糟干物质中含蛋白 20%～30%，含有丰富的 B 族维生素。在制酒工艺中需渗入稻壳等，使酒精中粗纤维含量高。酒糟不适合饲喂仔猪和母猪。鲜酒糟含水多不易贮存，可晒干粉碎后饲喂。酱油渣和豆腐渣是大豆加工副产品，干物质中含粗蛋白 19%～29%，新鲜产品含水分 50%～80%，不易保存。酱油渣中含食盐 7%～8%，不宜多喂，否则会引起食盐中毒。大豆中含蛋白酶抑制因子应煮熟后饲喂。

2. 动物性蛋白质饲料

动物性蛋白质饲料包括鱼粉、肉骨粉、血粉、蚕蛹和羽毛粉等。最大特点是蛋白质含量高，一般蛋白质含量在 50%～80%。动物性蛋白质饲料含碳水化合物少，粗纤维几乎是零，有些如蚕蛹、鱼粉等含脂肪高，所以能量高。由于脂肪含量高易酸败，在饲料中用量不宜过多，鱼粉用量多易使脂肪变软，甚至产生不良气味。这类饲料灰分高，一般在 4.9%～6.8%，鱼粉灰分含量在 10% 以上。灰分中钙和磷的比例适宜，故其也是钙、磷的补充饲料。维生素中 B 族维生素丰富，尤其是核黄素和维生素 B_{12}。动物性蛋白质饲料中血粉和羽毛粉等消化利用率低，在配合饲料中用量不宜过多。鱼粉是优质蛋白质饲料，但价格较高，只用于仔猪和泌乳母猪，商品肉猪可以不用。国产鱼粉中有的产品食盐含量很高，应测定食盐含量，根据食盐含量确定在饲料中的用量，盲目使用鱼粉易发生食盐中毒。

（二）能量饲料

能量饲料主要成分是无氮浸出物，占干物质的 70%～80%，粗纤维含量一般不超过 4%～5%，脂肪和矿物质含量较少，氨基酸种类不齐全。如玉米、高粱、小麦和大麦、稻谷、麦麸、米糠、甘薯、马铃薯等。

（三）青绿多汁饲料

这类饲料来源广，产量高，成本低，采收时间长，富含维生素，幼嫩多汁，适口性好，但要洗净生喂，不要熟喂。如紫花苜蓿、苦荬菜、番薯秧、水生青绿饲料、蔬菜类等。

（四）粗饲料

这类饲料体积大，粗纤维含量多不易消化。如花生秧、树叶、番薯藤、青干草等。

（五）青饲料

在青绿饲料较多的季节，采用窖贮或大塑料袋贮的办法，把青绿饲料贮存起来，这种饲料叫青贮饲料。青贮饲料是长期保存青饲料营养物质和保持多汁性的一种简单可靠的方法，其适口性好，猪也爱吃。坚持饲喂配合饲料的同时，每天添加 $0.5 \sim 1kg$ 的青绿多汁饲料，可保持公猪良好的食欲和性欲，一定程度上提高了精液的品质和数量。

（六）矿物质饲料

矿物质饲料可为猪提供生长发育所需要的各种常量和微量元素，如骨粉、石粉、蛋壳粉和牡蛎粉、磷酸钙和磷酸氢钙等。

（七）维生素及添加剂

维生素饲料主要指工业合成或提纯的脂溶性维生素和水溶性维生素，如常用的维生素有维生素 A、维生素 D_3、维生素 E、维生素 K_3、维生素 B_2（核黄素）、维生素 B_1、维生素 B_{12}、烟酸、泛酸和叶酸以及胆碱等。而这里指的饲料添加剂不包括营养性饲料，主要还有抗氧化剂、着色剂、防腐剂、防霉剂、生长促进剂、驱虫剂、抗菌剂、激素等物质。

三、添加剂和全价饲料

（一）饲料添加剂

饲料添加剂是添加到配合饲料中的各种微量成分，主要作用是为了平衡配合饲料的全价性，提高其饲喂效果，促进动物生长和防治动物疾病，减少饲料贮存期间营养物质的损失及改进猪产品品质，提高经济效益。其类型包括氨基酸添加剂、微量元素添加剂、维生素添加剂、酶制剂和防霉剂等。使用饲料添加剂时要注意以下事项。

（1）饲料添加剂都有一定的保质期，贮存完好的可在保质期内使用，超过保质期效果会明显下降；天气潮湿或贮存不好时，要根据情况及早用完。一旦有变质现象出现，立即停用。

（2）好的饲料添加剂有很强的稳定性。对于技术不过关的厂家或生产商，其添加剂的稳定性也不可信。经试验对比后，选择使用效果明显、稳定性强的饲料添加剂，在生长正常的情况下，最好不要经常更换，以免影响生长的正常进行。

（3）一般饲料添加剂的用量比较少，多以4%的为主，最多的可达25%，在配制全价饲料时，与饲料原料混合要均匀，避免结成团块或集中在一起的现象。混合不均匀时，整个猪群的生长发育不平衡，甚至造成猪的正常生长受限。

（二）全价饲料

全价饲料是指由饲料原料、饲料添加剂、矿物质、微量元素等经混合加工后制成的可直接饲喂猪只的饲料，规模较大的猪场一般采用场内加工的方式来配制。使用全价饲料时要注意以下事项。

（1）原料粉碎时颗粒不能过大或过小，过大时，猪只难以消化，造成下痢；过小时，可造成猪胃溃疡或容易引起呼吸道疾病。一般来说，除了特制的颗粒料或破碎料外，全价饲料的粒径大小依次为：小猪<中猪<大猪、种公猪、母猪。

（2）全价饲料预混时要保证足够的时间，一般预混时间为5min左右。时间太短，各种添加剂等与原料混合不均匀，平衡失调；时间太长，浪费人力、物力，影响生产的正常进行。

（3）全价饲料从混合好开始至喂完，时间一般不要超过3d，有条件的猪场最好当天喂完，以保证饲料的新鲜度和适口性。保存时间太长，特别是阴雨天气，饲料易发热变质，另外，一些微量元素、维生素等也易氧化，从而影响饲喂效果。

（4）全价饲料在猪舍内不宜停放太长时间。猪舍内一般空气流通性差，氨气太浓，蚊蝇较多，容易引起一定程度的污染。因此，运到猪舍内的饲料最好当天用完，若需保存，在饲料加工厂或仓库保存效果比较好些。

（5）全价饲料的配制要根据猪只不同生长阶段的需要严格执行营养标准，分阶段配制。

第四节　饲料的加工调制

饲料的种类很多，其性质也各不相同，有些饲料由于容易消化，猪群利用多，饲养效果就好；而另一些饲料，因为粗纤维含量高，不易消化，猪群利用少，饲养效果就差。有些饲料适口性好，猪群喜欢吃；而另一些饲料适口性差，猪群不喜欢吃，甚至完全拒食。特别对于猪，由于消化机能不同，对粗饲料的消化能力很低，因而直接影响了饲料的利用，甚至造成了不应有的浪费现象。为了扩大饲料来源，提高饲料的利用效率，就必须对饲料进行适当加工调制。饲料经过加工调制之后，优点如下。

第一，改变饲料的物理性状，减轻猪群消化道的机械作用，提高消化酶的活性，促进饲料的消化吸收。

第二，减少猪群消化饲料时的能量消耗，提高饲料的利用效果。

第三，改善饲料味道，促进动物食欲，提高饲料的采食量。

第四，扩大饲料的利用范围，减少饲料损失。

第五，消灭病原物和寄生虫，破坏有毒有害物质，提高饲料的饲用价值。

因此，饲料的加工调制是充分利用饲料，扩大饲料来源，提高饲料营养价值，促进畜牧生产的重要措施之一。现将各种饲料的加工调制方法介绍如下。

一、青饲料的加工调制

（一）切碎

青饲料切碎后便于畜禽咀嚼和采食，可以减少浪费，有利于同其他饲料混合。根茎类饲料应先洗净后再切碎。

（二）打浆

打浆是用打浆机将青绿饲料、多汁饲料、青贮饲料等打成浆状，便于充分利用饲料的一种加工调制方法。在打浆前，通常要把饲料清洗干净，除去异物，有的还要先切碎，然后再打浆。在打浆过程中，要特别注意控制用水量，如果料浆过稀，猪吃进的干物质就相对地减少，因而就不能满足它们对营养物质的需要。饲料经打浆后可以增加采食量，提高利用效率。

（三）青贮

青贮是把新鲜的青绿饲料装入密闭的青贮窖、塔、壕内，经过乳酸菌发酵，提高酸度，使饲料长期保存下来的一种贮藏饲料的有效方法。青绿饲料经过青贮不仅能够保持原来的基本特点，减少养分损失，提高饲料的适口性和饲用价值，而且可以消除冬、夏饲料条件的差异，使猪得以保持较高的生产水平和优良的产品品质。因此，青贮饲料的普遍应用也是近代畜牧业生产的重要标志之一。

1. 青贮的基本原理

把青绿饲料切碎，装入地窖、地壕或专用青贮塔（国外还可用大型塑料薄膜在地面上青贮）内压紧，最后密封，使其造成缺氧的环境，让乳酸菌大量繁殖起来，产生一定量的乳酸，并抑制或杀死其他各种细菌的生长，使青绿饲料保存下来。

2. 青贮步骤与方法

（1）建窖。应选择地势高燥或地下水位低、土质结实的地方建窖。最好离猪舍不太远，以利取用。窖的形式采用地上的、地下的、半地下的、圆筒形的、长壕形的均可（国外还可用特制的塑料薄膜在地面上青贮）。而窖的墙壁最好用砖或石料砌成，再用水泥抹缝，以防透气、漏水和塌土。如果建土窖，则窖壁应保持垂直，要拍打平滑，最好再用石灰抹抹，晾干待用。窖底应挖成锅底形，以便使青贮原料容易压实。至于窖的大小，应根据青贮原料的多少及实际需要而定。一般来说，1立方米的玉米秸青贮重约500kg，而1立方米的野草、甘薯藤、蔬菜茎叶的青贮则可达600~650kg。

（2）备料。各种青草野菜、甘薯藤、花生秧、萝卜缨、青玉米秸、高粱秸、蔬菜茎叶等青绿、多汁饲料都可作为青贮原料，关键在于掌握原料的水分含量。禾本科植物含水量65%~75%比较合适，豆科植物以60%~70%的湿度为最好。水分少了容易透气发霉，水分多了可能发酸变臭。一般青割玉米秸和禾本科草类含水分正好，如有干黄叶时，应适量加水。鲜甘薯藤等含水较多，要稍加风干或拌入一些干细糠（20%~30%）后再青贮。一般来说，含碳水化合物较多的禾本科植物秸秆最易青贮（玉米秸），而含蛋白质多的豆科牧草如青苜蓿等，则较难青贮，应同含碳水化合物多的饲料混合青贮。

（3）装窖。先将青贮原料及时运至窖边，用青贮切割机、铡草机或铡刀铡碎，其长度3~5cm，然后逐层（每层20~30cm厚）装入窖内，边装边踩，务求压实。如果是长壕，可用拖拉机来回压实。经验证明，踩踏越结实越好，特别是窖四周和窖上部要充分压实，以防霉烂。若用两种以上的原料混合青贮时，其原料宜按一定比例掺和后铡碎，再填贮。

（4）封窖。当装窖装到离窖口15~20cm时，就可以封顶。封顶时，最好先盖上厚塑料布，再铺上30cm左右厚的秸秆，但以铺青草为最好，因为青草腐烂后能形成一层隔离层，防止空气进入。最后在盖草上再压上50cm厚的泥土封顶，以隔绝窖内的空气。窖顶应呈馒头形，表面拍打光滑。在地势低洼、容易积水的地方，在离窖口50~60cm处应挖一条排水沟，以防雨水渗入窖内。

封窖后，由于窖内原料发生发酵变化，体积压缩，窖顶经常会发生下沉或裂缝，要及时检查，随时填土补平，严防漏水透气，保证青贮质量。

3. 开窖取用

封窖后，通常禾本科青贮原料需 30~45d 可开窖取用，而豆科青贮原料则需 60~75d 开窖取用。如果不急于开窖取用，也不透气，青贮料可以保存多年不坏。青贮窖被打开后，青贮料的表面与空气接触，因而容易发霉。为了防止青贮料发霉，在取用时必须遵守一定的程序。

（1）圆形窖的取法。应先除去窖顶的泥土和盖草，表层和窖边霉烂的青贮料也去掉，当见到优良的青贮料后，就可自上而下地一层一层取用，不要上下翻动或挖洞掏取。每次取用后要用席子或草帘盖严窖口，以免青贮料冻结或掉进泥土。

（2）长方形窖或壕的取法。要先开一边取用，冬季由南边取出，春夏季由北边取出，逐段、上下垂直取用，不可大揭盖，以防进入空气，造成青贮料发霉变质。每次取青贮料时，不可混入泥土及霉烂青贮料，取后用草帘或席子盖妥。

4. 青贮饲料的品质鉴定

青贮饲料的鉴定，有感官鉴定和实验室鉴定两种。但在生产条件下一般只进行感官鉴定，即根据青贮料的颜色、气味和质地来评定。其鉴定的主要指标如下。

（1）颜色。青贮料的颜色以越近似原料颜色越好。一般品质良好的青贮料为绿色或黄绿色，中等品质的青贮料为黄褐色或暗绿色，低劣的青贮料为褐色或黑色。

（2）气味。一般正常的青贮料具有一种酸香味，而以带有酒糟香味并略具苹果微酸香味者为最佳；若有强烈酸味者，则醋酸较多，其品质为中等；若有刺鼻难闻的粪臭、腐臭及霉烂味，其品质为劣等，不可饲喂。

（3）质地。品质良好的青贮料在窖里压得很紧密，但拿在手上又很松散，质地柔软且略带湿润，其原料的嫩茎、叶片、花瓣等仍保持原状，甚至叶片上的叶脉也很清晰。与此相反，若茎叶粘成一团或烂如污泥，或质地干燥、粗硬，即表明水分过多或过少，这种青贮料品质不良。

5. 饲喂方法及注意事项

猪只初喂青贮料时，往往不爱吃，所以开始应当少喂，以后逐渐增加，或者把青贮料放在其他饲料下面，或在青贮料上撒些精料及食盐，慢慢诱食，这样猪群不久就会习惯了。青贮料要随用随取，当日取出要当日喂完，以防发霉腐烂。青贮料可单喂，也可与其他饲料搭配在一起喂。如果青贮料过酸，可以撒上适量的石灰水。在饲喂过程中，如果发现猪有下痢现象，则对下痢的猪只应暂时停喂或少喂。对怀孕母猪也应少喂，对怀孕后期或临产前的母猪应停喂，以防引起早产或流产。对于产奶母猪，宜在挤奶后喂，以防青贮料的气味传入奶中，影响奶的质量。青贮料喂猪，最好是经过打浆后喂，以免浪费。猪每天每头喂青贮料 1.6~2kg。

6. 其他类型的青贮法

除了上述一般常用的青贮法之外，近十几年来国内外都在研究和推广应用很多新的青贮方法，取得了可喜的进展。现将其中较有意义的青贮方法简介如下。

（1）低水分青贮。这种青贮法与一般青贮法基本相似，但要求青贮原料的含水量在 24h 内降至 45%~50%，然后进行青贮的一种方法。它的优点是，在青贮过程中养分损失少，养分的损失率仅 10%~15%，比晒干草和一般青贮的养分损失都少。一般青贮料养分流失多，低水分青贮料养分流失少，发酵过程慢，而且利用青贮原料的高渗透压抑制了蛋白质水解和丁酸形成，提高了青贮料的质量。此外，低水分青贮料含干物质多，减少了搬运的劳力和费用。

低水分青贮料的制作方法与一般青贮料相似，不同的只是青贮料用的原料含水量降低到45%～50%时贮存。低水分青贮料对于密闭条件要求比较严格，最好用圆筒形水泥窖青贮；而且原料必须切短（2～3cm），装窖必须仔细；封顶时要先用塑料薄膜盖严，再用20cm厚的土压紧封严。

（2）外加添加剂的青贮。这类青贮是在青贮过程中，根据不同的需要，向青贮原料中加入各种不同的添加剂而青贮的方法。其目的主要是提高青贮料的营养价值；或停止青贮原料中微生物活动，保证青贮质量；或解决日粮中某种具体需要等。目前，这类青贮方法有很多，如采用化学保藏剂、防腐剂以及碱性化学物质等。在化学保藏剂中，常用的有磷酸和甲酸。磷酸添加的主要作用是使青贮原料迅速酸化，以防止有害的丁酸菌和腐败微生物的生长繁殖。此外，青贮料的迅速酸化还可以抑止酶起作用，促进青贮料中更好地保存像蛋白质那样重要的营养物质。在利用磷酸保藏青贮料时，补加芒硝，可以使青贮料增加含硫化合物，这种盐类所含硫在青贮过程中可被某些能够合成蛋氨酸和胱氨酸的细菌所利用，这就有助于非蛋白含氮化合物形成菌体蛋白。此外，所合成的含硫氨基酸参与了赖氨酸、组氨酸和色氨酸等的合成，它们还能使乳酸菌的生命活动增强，并抑制有害微生物，从而大大减少了青贮饲料中纯蛋白质和氨基酸的损失。在使用磷酸之前，要把磷酸配制成15%的水溶液，然后每吨青贮原料喷洒磷酸水溶液40～50L，同时补加芒硝3kg。

近几年来，甲酸已被广泛地用来保藏青贮料。它具有杀菌作用和选择性作用，对乳酸菌没有抑制的影响，但能强烈地抑制腐败微生物和大肠杆菌类型的细菌繁殖。这种制剂可以防止青贮饲料发酵过热，可使糖的损失比普通青贮减少，也降低了蛋白质的水解。据报道，每吨饲料补加3kg甲酸，其青贮的效果最好。

（四）青草干制

青草经过自然干燥或人工干燥之后就成为干草。它具有来源广、成本低、制作简便、容易贮藏、营养较好等特点，是我国农牧区广大群众在青草季节对青饲料经常采用的一种加工调制方法。

1. 收割时期

禾本科植物为主的青草，应在抽穗至扬花期收割；豆科和杂草为主的青草，应在开花初期至盛花期收割。因为这时期收割产量高，营养丰富，易于晒干或加工调制，也不影响牧草收割后的继续生长。

2. 调制方法

干燥是调制干草的重要步骤，干燥是否得法，可以直接影响干草的品质。干燥可分为自然干燥和人工干燥两种。

（1）自然干燥。所谓自然干燥，就是借着太阳光和风把青草干燥成干草。这一过程一般可分为两个阶段：第一个阶段，为了使植物细胞尽快死亡，停止呼吸，减少营养物质的损失，就必须采用"薄层平铺暴晒法"，把刚刈割下来的青草放在阳光下暴晒 4~5h，使青草中的水分迅速下降到 40%左右；第二个阶段，既要加速晒干使植物本身酶的活动尽快停止，又要避免由于阳光暴晒而破坏胡萝卜素，故宜采用小堆或小垄晒制法，使其逐渐干燥到水分由 40%左右降到 14%~17%，以消除营养物质的损失。草堆的大小一般可高 1m，直径 1.5m，重约 50kg，以利于继续晾晒，或在架上迅速干燥，或在棚内迅速风干，待水分下降至 14%~17%时即可上垛保存。在此限度内贮存干草，可以使营养物质的损失降至最低限度。

（2）人工干燥。人工干燥是采用各种干燥机具，在几秒至几分钟内把青草经过高温迅速干燥成干草，即将刚刈割下来的青草置于 800~850℃，干燥 2~3s，使水分降到 10%~12%。这种先进的方法可以减少营养物质的损失，制成优质的干草。国外制做干草已采用红外线干燥法，近年来又采用微波干燥法、冷冻干燥法等。

此外，在青草干制过程中，为了防止叶片脱落而造成营养物质的大量损失，在翻晒和运输时，应当小心操作。在保存干草时，必须注意防雨、防潮、防自燃。

（3）干草的品质。鉴定干草的品质好坏不但与营养价值有关，而且直接影响猪的生产力和健康。在干草品质鉴定时，凡颜色青绿、气味芳香、叶片多、含杂质少、适口性好的干草，属于优质干草。与此相反，凡颜色褐黄、有霉烂味、叶片少、含杂质多、猪群不愿采食的，属于劣质干草。

二、粗饲料的加工调制

（一）切短和粉碎

各种作物秸秆和干草在饲喂前，一般都应经过切短，这样便于猪采食和咀嚼，否则就容易造成饲料浪费。俗话说："寸草铡三刀，无料也上膘""细草三分料"等，就说明粗饲料经过切短生喂猪的好处。切粗饲料都以切得越短越好。一般切成1.5~2.5cm即可。对青壮年猪可切长些，而对老弱猪只和幼猪应切短些。但用粗饲料喂猪时，除经切短后还要粉碎，而且粉碎得越细越好。对于粗饲料的粉碎应掌握以下两点：①各种粗饲料要混合粉碎，防止饲料单一。②对发霉腐败的饲料应坚决去掉，以免猪群食后中毒。

（二）发酵

发酵是饲料经过微生物发酵后，使其适口性提高的一种生物学调制方法。发酵饲料是指猪群难以利用的各种粗饲料经过粉碎之后，借助某些有益微生物的发酵作用，改变其理化特性，使其变成一种适口性较好、猪群比较容易利用的饲料。例如，粗饲料的自然发酵法，即向粗饲料中加入适量的水分后堆积，让其本身所附着的微生物发酵；或加酵母菌及某些适宜酵母菌生长的植物（如辣蓼等）发酵；或加入黑曲霉、根霉等各种糖化霉菌，使饲料中的淀粉等易溶性的碳水化合物转化成单糖；或把各种微生物进行混合发酵等。但这些发酵方法只是起到软化饲料、改善味道和提高适口性的作用，而对粗饲料中的粗纤维一般均很少分解，因而不能提高粗饲料的营养价值。与此同时，微生物在发酵过程中还消耗了一部分能量物质（易溶性碳水化合物），因此，这些发酵方法对于能量价值本来就很低的粗饲料来说均不可取。但是，通过发酵可以软化粗饲料，提高适口性，增加采食量，使本来难以利用的粗饲料变成猪愿意采食、可以利用的饲料。

第五节 猪的日粮配合

配合猪的日粮首先要根据猪对各种营养素的需要而制定饲养标准，然后要有一个常用饲料营养成分表。饲养标准所要求的各项营养指标在饲料成分表中都要表达出来。

一、猪的饲养标准

（一）基本概念

1. 饲养标准

指猪在一定生理生产阶段，为达到某一生产水平和效率，每头每日供给的各种营养物质的种类和数量或每千克日粮各种营养物质含量或百分比。加上安全系数（高于最低营养需要），并附有相应饲料成分及营养价值表。

2. 营养需要

指猪对各种营养物质的最低需要量，它反映的是群体平均需要量，未加安全系数。生产实际中应根据具体情况适当上调，满足猪对各种营养物质的实际需要量。

3. 营养供给量

根据猪的最低营养需要量、结合生产实际、加上保险系数后的人为供应量。它能保证群体大多数猪只的营养需要得到满足，安全系数过高也容易造成浪费。

（二）饲养标准的用途

饲养标准的用途主要是作为配合日粮、检查日粮以及对饲料厂产品检验的依据。它对于合理有效利用各种饲料资源，提高配合饲料质量，提高养猪生产水平和饲料效率，促进整个饲料行业和养殖业的快速发展具有重要作用。

（三）饲养标准的形式

猪的饲养标准是以营养科学的理论为基础，以科学试验和生产实践的结果为依据制定的。它是理论与实际结合的产物，具有很高的科学性和实用性。世界上许多国家都制定有本国猪的饲养标准，例如我国1983年制定的《肉脂型猪的饲养标准》，1984年制定的《瘦肉型生长育肥猪的饲养标准》；美国国家研究委员会（NRC）1998年发表的第十版《猪的营养需要》；英国农业科委（ARC）1981年发表的第二版《猪的营养需要》。具有代表性的饲养标准有美国NRC《猪的营养需要》，英国ARC《猪的营养需要》，中国《肉脂型猪的饲养标准》等。

营养需要和饲养标准的区别是前者为最低需要量，未加保险系数；后者为实际生产条件下的营养需要，加有保险系数。

（四）饲养标准的性质和应用

1. 饲养标准的科学性、实用性与相对合理性

饲养标准以营养科学理论为基础，以生产实践结果为依据，它的各项指标和数值都是从大量的科学试验得来，又经过中间试验和生产验证，因此具有高度的科学性和实用性。然而由于实际生产条件复杂多样，动物的营养需要受许多因素的影响，诸如动物的品种、类型、年龄、性别、生理状态、生产水平、生产目的、地区、气候、饲料资源、饲养条件、饲养方式以及社会经济条件等，所以饲养标准的科学性是相对于生产上的盲目性而言，它本身具有一定的局限性，它规定的需要量数值不可能太细、太具体，反映的是群体的平均数，因而具有概括性。又由于饲养标准是在一定的科学技术水平下制定的，营养科学

中还有许多未知的东西尚待探讨，所以它的科学性和实用性是相对于目前科学技术和生产条件下的科学性和实用性，因而具有相对合理性。

2. 饲养标准的普遍性、地域性与特殊性

世界各国制定饲养标准都依据共同的营养、饲养科学的理论基础和试验手段，所以饲养标准的基本原理和基本内容有许多共同之处，一个国家的饲养标准往往被另外一些国家所采用，或作为借鉴以制定自己国家的饲养标准，因此饲养标准具有一定的普遍性。然而，由于各国的社会经济制度、管理条件、生产目标、饲料资源、动物种类、环境条件等存在不同，各国的饲养标准又有差异，所以饲养标准又具有明显的地域性和特殊性。

3. 饲养标准的原则性和灵活性

任何饲养标准的产生，既是当时当地科学技术发展水平的反映，又是来源于饲养实践，反过来又指导新的实践，为畜牧生产服务，使畜牧生产者有了科学饲养的依据。饲养标准的提出，一方面使饲料工业生产配合饲料有章可循，另一方面使畜牧工作者饲养动物有据可依，因此在饲养实践中应力求按照饲养标准配制日粮，核计日粮，进行配合饲料的生产，提高配合饲料质量，坚持饲养标准的原则性。然而，畜牧业生产的条件是非常复杂和千变万化的，影响的因素也很多，因此，在使用饲养标准时，又要掌握灵活性。但是，灵活性不是随意性，因为饲养标准的灵活应用是以当代营养和饲养科学理论为依据，以具体实践为基础的。所以使用时应根据生产条件的具体情况和实际应用后的效果加以适当地调整，灵活地应用，不能生搬硬套，从而使饲养标准更加切合当时当地条件以及某一动物具体的生产实际。

二、猪的日粮配合

单一饲料不能满足猪的营养需要，难以获得较高的生产水平。在生产实践中应选择几种当地生产较多、价格合适的饲料原料，包括能量饲料、蛋白质饲料、矿物质饲料等，同时购买必需的维生素、微量元素及其他添加剂预混料，依据饲养标准所规定的各种营养物质的数量进行配合，这一过程和步骤称作日粮配合。

（一）日粮配合的原则

1. 首先应选用适宜的饲养标准和饲料营养成分表

根据所养猪的品种、类型，依照我国已有的饲养标准，或参考国外的饲养标准如 NRC 标准，并通过饲养实践中生产性能的反映对标准酌情修正。饲料成分表的选用参照国内的数据库，确定采用相应饲料品种的数据时应注意样品的描述，如含水量、容重、加工方法等。查找氨基酸含量应注意主要指标如粗蛋白、钙、磷等是否与自己准备使用的相接近。在能值确定上，对于一些谷实类及变异较小的、规格上较为一致的原料如玉米、豆粕、菜籽粕等，通过比较含水量、粗蛋白、粗脂肪即可基本确定应查哪一份成分表。

2. 适口性原则

注意日粮的适口性，把握不同原料的适宜比例，尤其控制适口性差的原料比例。避免选用有毒、发霉、变质的饲料。

3. 多样搭配原则

根据不同阶段猪的消化生理特点，选用适宜的原料，并力求多样搭配，日粮粗纤维含量乳仔猪不超过 4%，生长育肥猪不超过 6%，种猪不超过 8%。

4. 经济性原则

尽量选用营养丰富而价格低廉的饲料。

（二）各种饲料在日粮中的使用范围

各种饲料在日粮中的使用范围见表 3-10。

表3-10　各种饲料的使用范围（%）

饲料种类	仔猪	生长猪	育肥猪	妊娠母猪	哺乳母猪	饲料种类	仔猪	生长猪	育肥猪	妊娠母猪	哺乳母猪
玉米	70	80	90	85	85	胡麻粕	5	10	10	10	10
小麦	60	80	90	85	85	肉骨粉	5	5	5	10	10
高粱	60	85	85	80	80	豆粕	24	20	20	25	25
大麦	25	80	60	80	80	菜籽粕	0	10	10	10	8
燕麦	0	20	20	40	15	脱脂乳粉	40	0	0	0	0
小麦麸	20	30	30	30	30	乳清粉	20	5	5	5	5
血粉	0	3	3	3	3	骨粉	2	2	2	2	2
棉籽粕	0	5	5	5	5	糟渣	0	5	5	10	6
鱼粉	5	10	5	10	10	苜蓿草粉	0	5	5	50	10

（三）日粮配合方法

日粮配合的方法主要有两类，一是手工配合，二是利用计算机软件。手工配合又分方块法、联立方程式法、矩阵法、试差法等。下面以简单、常用的试差法为例，说明日粮配合的基本方法。

1. 试差法

根据猪不同阶段的营养要求或已确定的饲养标准，先粗略拟定一个配方，然后计算养分含量，再与饲养标准进行比较，通过调整各原料比例，直到达到标准要求为止，其具体步骤如下。

第一步：查出饲养标准，列出猪的各营养物质需要的数量。

第二步：确定使用的饲料原料，查饲料营养成分及营养价值表，列出所用饲料的营养含量。

第三步：初步拟定所用各种饲料的大致比例，并进行计算，得出初配饲料计算结果。

第四步：将结果与标准比较，依其差异程度调整配方比例，再进行计算、调整，直至与饲养标准接近为止。

下面举例说明试差法配合日粮的具体方法。

60~90kg 生长育肥猪阶段全价饲料配制。

现有饲料种类为：玉米、豆粕、麸皮、胡麻粕、石粉、食盐和预混料。

①查 60~90kg 肉猪饲养标准：消化能 12.97MJ/kg，粗蛋白 14%，钙 0.5%，总磷 0.4%，赖氨酸 0.63%，蛋氨酸+胱氨酸 0.32%，食盐 0.25%。

②查猪的饲料成分及营养价值表（略）。

③试配，初步确定各种饲料在配方中的百分比，并进行计算，得出初配饲料计算结果，并与饲养标准比较（表 3-11）。

表 3-11 消化能和粗蛋白的需要量比较

饲料 种类	配比 （%）	消化能 （MJ/kg）	粗蛋白 （%）
玉米	67	0.67×14.48＝9.702	0.67×8.6＝5.762
豆粕	8	0.08×13.3＝1.064	0.08×43＝3.44
亚麻粕	5	0.05×12.22＝0.611	0.05×33.1＝1.655
麸皮	17.7	0.177×11.38＝2.014	0.177×14.2＝2.513
石粉	1		
食盐	0.3		
预混料	1		
合计	100	13.39	13.37
饲养标准		12.97	14
与饲养 标准比较		+0.42	−0.63

④调整消化能、粗蛋白的需要量与饲养标准比较，消化能略高、粗蛋白略低，那么要降低能量水平，提高粗蛋白水平，先考虑降低玉米比例，增加麸皮用量。因消化能比标准高出 0.42MJ/kg，每使用 1% 的麸皮代替玉米，可使能量降低 0.031MJ（14.48×1%~11.38×1%），则麸皮代替玉米的数量为 0.42/0.031＝13.5，调整后的日粮配方如表 3-12 所示。

表3-12　调整后营养成分计算结果

饲料种类	配比（%）	消化能（MJ/kg）	粗蛋白（%）	钙（%）	磷（%）	赖氨酸（%）	蛋氨酸+胱氨酸（%）
玉米	53.5	7.75	4.6	0.021 4	0.112 3	0.123	0.144
豆粕	8	1.06	3.44	0.025 6	0.049 6	0.190 4	0.072
亚麻饼	5	0.61	1.65	0.029	0.039	0.066	0.04
麸皮	31.2	3.55	4.43	0.043 7	0.187	0.202 8	0.231
石粉	1			0.35			
食盐	0.3						
预混料	1						
合计	100	12.97	14.11	0.47	0.387 9	0.582	0.487
饲养标准		12.97	14	0.5	0.4	0.63	0.32
与标准比较		0	+0.12	-0.03	-0.012 1	-0.048	+0.167

⑤调整钙、磷含量，氨基酸需要量因钙、磷都略缺乏，故补充既含钙又含磷的饲料，骨粉含钙36.1%，磷16.4%，可代替等量麸皮，添加量为0.03/（36.1%~0.14%）≈0.1，赖氨酸缺乏0.048%，故应补充，若预混料中含有赖氨酸，就不必另行补充了。调整完毕后的配方为：玉米53.5%，豆粕8%，亚麻饼5%，麸皮31.1%，石粉1%，骨粉0.1%，食盐0.3%，预混料1%。配方含消化能12.96MJ/kg，粗蛋白14.11，钙0.506%，磷0.404%，与饲养标准接近。

2. 用计算机软件配合饲料

随着饲料工业的发展和饲料行业竞争的日趋激烈，要求配方设计者采用很多种原料，考虑多项营养指标，设计出营养成分合理，价格低廉的饲料配方。手工计算不但十分繁琐，而且准确性差，效率低。计算机配合饲料技术的应用越来越受到用户的欢迎。优选配方的步骤一般如下。

第一步：根据饲料资源、库存情况、价格、被饲动物及其所处的生理阶段、生产水平等情况确定采用哪些饲料原料。

第二步：根据动物的生产水平、生产环境等情况确定动物应用营养指标的需要量。

第三步：饲料原料的营养成分含量因地而异，故最好对原料进行取样分析，依据实际分析结果。

第四步：确定饲料用量范围，否则计算机可能大量采用某种原料而不用另一种，因此要对某些饲料规定使用量。

第五步：查实饲料原料的价格。

第六步：将上述各步的数据分别输入计算机。

第七步：运行配方计算程序，求解。

第八步：审查计算机配出的配方，可进行必要的修正，使配方既符合约束条件，又科学合理，适口性强，价格低廉。

第四章　猪的繁殖与选种选配杂交利用

第一节　猪配种技术

一、徒手采精法操作规范

(一) 稀释液、精液品质检查用品准备

采精前应配制好精液稀释液,并将稀释液放在35℃水浴锅中预温,同时打开显微镜的恒温台,使控制器温度调至37℃,并在载物台上放置两块洁净的载玻片和盖玻片,然后准备采精用品;没有恒温台的实验室,可将两块厚玻璃和两块洁净的载玻片和盖玻片放于恒温消毒柜中,将消毒柜控制器调整至37℃。

(二) 采精杯安装及其他采精用品准备

将洗净干燥的保温杯打开盖子,放在37℃的干燥箱中约5min。取出,将一次性采精袋装入保温杯内,并用洁净的玻璃棒使其贴靠在保温杯壁上,袋口翻向保温杯外,上盖过滤纸,用橡皮筋固定,并使过滤纸中部下陷,以避免公猪射精过快或精液过滤慢时精液外溢。最后用一张纸巾盖在网上,再轻轻将保温杯盖盖上。取两张纸巾装入工作服口袋中。

(三) 采精程序

(1) 育种员一手(右手)带双层无毒的聚乙烯塑料手套,另一手(左手)拿37℃保温杯。

(2) 饲养员将待采精的公猪赶至采精栏,用0.1%的高锰酸钾溶液清洗其腹部和包皮,再用温水(夏天用自来水)清洗干净并擦干,避免药物残留对精子造成伤害。

(3) 育种员按摩公猪的包皮腔,排出尿液,并诱导公猪爬

跨假母猪。

(4) 当公猪爬跨假母猪并逐渐伸出阴茎，将公猪阴茎龟头导入空拳（拳心向前上，小指侧向前下）；用手（大拇指与龟头相反方向）紧握伸出的公猪阴茎螺旋状龟头，顺其向前冲力将阴茎的"S"状弯曲拉直，握紧阴茎龟头防止其旋转，公猪即可安静下来并开始射精。

(5) 小心地取下保温杯盖和盖在滤网上的纸巾，收集精液。最初射出的少量精液含精子很少，而且含菌量大，可以不必接取，等公猪射出部分清亮的液体后，可用纸巾将清液和胶状物擦除。开始接取精液，有些公猪分2~3个阶段将浓精液射出，直到公猪射精完毕，射精过程历时5~7min。

(6) 采精结束。公猪射精结束时，会射出一些胶状物，同时环顾左右，采精人员要注意观察公猪的头部动作。如果公猪阴茎软缩或有下假母猪动作，就应停止采精，使其阴茎缩回。注意：不要过早中止采精，要让公猪射精过程完整，否则会造成公猪不适。

采精结束后除去过滤网及其网上的胶状物，将食品袋口束在一起，放在保温杯口边缘处，盖上盖子。将公猪赶回猪舍，同时将精液送实验室。

(7) 注意事项。

• 采精员应注意安全，一旦公猪出现攻击行为，采精员应立刻避至安全处。

• 初次训练采精的公猪，应在公猪爬上假母猪后，再从后方靠近，并握住其阴茎。

• 手握龟头的力量应适当，以有利于公猪射精和不使公猪龟头转动为宜，不同的公猪对握力要求不同。

• 经常保持采精栏和假母猪的清洁干燥。

• 不要收集最初射出的精液和最后部分精液。

• 应在上午采食后2h采精，饥饿状态时和刚喂饱时不能采精。最好固定每次采精的时间。

• 成年公猪每周 2~3 次，青年公猪（1 岁左右）每周 1 次。最好固定每头公猪的采精频率。

二、精液品质检查操作规程

（一）精液量

把采精袋放在天平上称量精液，按照 1mL/g 计算采集的精液量。一般公猪一次射精量为 200~250mL，多者可达 500mL 以上。

（二）颜色

正常的精液是乳白色或浅灰白，精子密度越高，色泽越浓，其透明度越低。如带有绿色或黄色是混有脓液或尿液，若带有淡红色或红褐色是含有血液。这样的精液应舍弃不用，会同兽医寻找原因。

（三）气味

猪精液略带腥味，如有异常气味，应废弃。

（四）精子密度

精子密度指每毫升精液中所含的精子数，是确定稀释倍数的重要指标。正常的全份精液的密度在 1.5 亿~3 亿个/mL，浓份精液密度在 3 亿~6 亿个/mL。精子的密度分为密、中、稀、无 4 级。在显微镜视野中，精子间的空隙小于 1 个精子者为密级，小于 1~2 个精子者为中级，小于 2~3 个精子者为稀级，无精子者应废弃。使用密度仪有以下注意事项。

• 使用前需打开仪器开关预热 15~20min。

• 经常保持比色皿的透光面清洁、无痕、无指纹，检测时手持其磨面，不能碰透光面。

• 检查前的取样必须具有代表性，精液与稀释液必须充分混合均匀。

• 在精液中层取样，取样必须立即检查、马上记录读数。

• 液面不可超过规定高度。

- 电压要求稳定，否则影响准确性。

（五）精子活率检查

活率是指呈直线运动的精子百分率，在显微镜下观察精子活率，一般按 0.1~1.0 的 10 级评分法进行，鲜精活率要求不低于 0.7，活率低于 0.5 应废弃。

（六）精子畸形率

畸形率是指异常精子的百分率，一般要求畸形率不超过 18%，其测定可用普通显微镜，但需伊红或姬姆萨染色，相差显微镜可直接观察活精子的畸形率，公猪使用过频或高温环境会出现精子尾部带有原生质滴的畸形精子；畸形精子种类很多，如巨型精子、短小精子、双头或双尾精子，顶体膨胀或脱落、精子头部残缺或与尾部分离、尾部变曲。要求每头公猪每两周检查 1 次精子畸形率。

三、输精操作规程

（1）育种时间。断奶后 3~6d 发情的经产母猪，发情出现站立反应后 6~12h 时进行第 1 次输精育种；后备母猪和断奶后 7d 以上发情的经产母猪，发情出现站立反应，就进行育种（输精）。

（2）输精次数及间隔时间。一般输精 3 次，后备母猪间隔时间 12~18h，经产母猪 24~36h。

（3）精液检查。将精液从 17℃ 保存箱内取出，用显微镜检查精子活率≥0.7 才可以进行输精。

（4）将试情公猪赶至待配母猪栏之前，使母猪在输精时与公猪口鼻部接触。

（5）输精人员消毒清洁双手。

（6）用 0.1% 的高锰酸钾水溶液清洁母猪外阴、尾根及臀部周围，再用清水浸湿毛巾，擦干净外阴部遗留的高锰酸钾溶液，最后用卫生纸吸干水分。

（7）从密封袋中取出没受任何污染的一次性输精管（手不

应该接触输精管前 2/3 部分），在其前端涂上精液或其润滑剂作为润滑液。

（8）将输精管 45℃向上插入母猪生殖道内，输精管进入 3~4cm 后，顺时针旋转，当感受有阻力时，继续缓慢逆时针旋转同时前后移动，直到感觉输精管前端被锁定（轻轻拉会不动），并且确认真正被子宫颈锁定。

（9）从精液贮存箱取出精液，确认公猪品种、耳号。

（10）缓慢颠倒摇匀精液，用剪刀剪去瓶嘴，接到输精管上，开始进行输精。

（11）用针头在输精瓶底部扎一个小孔，抚摸乳房及外阴，压背刺激母猪，使其子宫收缩产生负压，将精液吸纳。输精时，请勿将精液挤入母猪生殖道内，防止精液倒流。

（12）控制输精瓶的高度来调节输精时间，时间要求 3~5min。输精瓶精液排空后，放低输精瓶约 15s，观察精液是否倒流。在防止空气进入母猪生殖道的情况下，把输精管后端一小段折起，放在输精瓶中，使其滞留在生殖道内 3~5min，让输精管慢慢滑落。

（13）填写母猪档案卡。

四、种猪的选育

（一）后备母猪选育标准

（1）生长发育快。应选择同窝生长速度快，饲料利用率高的个体。

（2）体质外形好。毛色、头形、耳形、体形。特别应强调有足够的乳头数，且乳头排列整齐，无瞎乳头和副乳头。

（3）繁殖性能高。产子数多，哺乳率高，断奶体重大的高产母猪的后代。同时具有良好的外生殖器官。

（二）后备母猪选择方法

（1）2 月龄。2 月龄选择是窝选，就是在双亲性能优良、窝产仔猪数多、哺育率高、断乳体重大而均匀、同窝仔猪无遗传疾患的一窝仔猪中选择。2月龄选择时由于猪的体重小，容易发生选择错误，所以选留数目较多，一般为需要量的2~3倍。

（2）4月龄。4月龄选择主要是淘汰那些生长发育不良、体质差、体形外貌及外生殖器有缺陷的个体，这一阶段淘汰的比例较小。

（3）6月龄。根据6月龄时后备母猪自身的生长发育状况，以及同胞的生长和发育及胴体性状的测定成绩进行选择，淘汰那些本身发育差、体形外貌差的个体以及同胞测定成绩差的个体。

（4）初配时的选择。此时是后备母猪的最后一次选择，淘汰那些发情周期不规律、发情征候不明显以及长期不发情的个体。

（三）后备母猪饲养技术操作规程

（1）按进猪日龄分批次做好免疫计划、限饲优饲计划、驱虫计划并予以实施。后备母猪育种前驱体内外驱寄生虫1次，进行乙脑、细小病毒、猪瘟、口蹄疫等疫苗的注射。

（2）日喂料两次。限饲优饲计划：母猪6月龄以前自由采食，7月龄适当限制，育种使用前1月或0.5月优饲。限饲时喂料量控制在2kg以下，优饲时2.5kg以上或自由采食。

（3）做好后备猪发情记录，并将该记录移交育种舍人员。母猪发情记录从6月龄时开始。仔细观察初次发情期，以便在第2~3次发情时及时育种，并做好记录。

（4）后备公猪单栏饲养，圈舍不够时可2~3头1栏，配前1个月单栏饲养。后备母猪小群饲养，5~8头一栏。

（5）引入后备猪头1周，饲料中适当添加一些抗应激药物，如维力康、维生素C、多种维生素、矿物质添加剂等。同时，饲料中也应适当添加一些抗生素药物，如呼诺玢、呼肠舒、泰灭净、强力霉素、利高霉素、土霉素等。

（6）外引猪的有效隔离期约6周（40d），即引入后备猪至少在隔离舍饲养40d。若能周转开，最好饲养到育种前1月，即母猪 7 月龄、公猪 8 月龄。转入生产线前最好与本场老母猪或老公猪混养 2 周以上。

（7）后备母猪每天每头喂 2.0~2.5kg，根据不同体况、育种计划增减喂料量。后备母猪在第 1 个发情期开始，要安排喂催情料，比规定料量多 1/3，育种后料量减到 1.8~2.2kg。

（8）进入育种区的后备母猪每天放到运动场 1~2h，并用公猪试情检查。

（9）以下方法可以刺激母猪发情：调圈，和不同的公猪接触，尽量靠近发情的母猪，进行适当的运动，限饲与优饲，应用激素。

（10）凡进入育种区后超过 60d 不发情的小母猪应淘汰。

（11）对患有气喘病、胃肠炎、肢蹄病等病的后备母猪，应隔离单独饲养在一栏内；此栏应位于猪舍的最后。观察治疗两个疗程仍未见有好转的，应及时淘汰。

（12）后备母猪在 7 月龄转入育种舍。后备母猪的初配月龄须达到 7.5 月龄，体重要达到 110kg 以上。公猪初配月龄须达到 8.5 月龄，体重要达到 130kg 以上。

（四）种猪淘汰

（1）种猪淘汰原则。种猪淘汰一定要严格把关、认真鉴定。做到物尽其用，发挥每头种猪的最大生产潜能。

凡有以下情况的种猪需视为淘汰对象。

• 有效乳头头数低于 10 个。

• 肢蹄疾患：严重"X"形、"O"形腿，影响行走者；单蹄、前肢或后肢僵直、屈曲等影响行走者；脓肿影响种用价值者。

• 外生殖道异常：无肛门、无阴户，达育种日龄阴门狭窄者。

• 正常饲养水平下，体重低于同日龄种猪 30kg 者。

• 种猪体况达标，经公猪诱情，药物催情等方法处理后，300 日龄仍不发情者。

●种猪生长发育正常，精液品质合格，人工授精操作无误，3次育种不孕者。

●连续两次流产者。

●种猪患严重疾病、丧失治疗意义和种用价值者。

●母猪断奶后，经公猪诱情和两次药物催情仍不发情者。

●种公猪睾丸明显1大1小者。

●各种原因的无精，死精率长期超过60%或畸形精超过70%，经治疗仍不能康复者。

●性欲低下，不能成功调教爬跨假台畜的种公猪。

（2）种猪淘汰计划。

●年淘汰率25%~33%，公猪年淘汰率40%~50%。

●后备猪使用前淘汰率：母猪淘汰率10%，公猪淘汰率20%。

（五）调教公猪

后备公猪达8月龄，体重达120kg左右时方可开始调教。过早调教，种公猪生理上未发育成熟，体型较小，爬跨假台畜困难，会使其产生畏惧心理，对种公猪的调教造成不良影响；过晚调教，种公猪体格过大、肥胖、性情暴躁，不易听从调教员的指挥，严重的会攻击调教人员，调教难度增加。

（1）训练新公猪对于采集栏环境的要求。采精区域明亮、清洁，无干扰物，具浓郁公猪气味（精液味道）的假台畜。

（2）训练新公猪的方法。

●观摩法：让待训公猪隔栏观看采精公猪的爬跨和采精过程，激发小公猪性冲动，经旁观2~3次大公猪和母猪交配后，再让其试爬假台畜进行试采。

●模仿实践：在待训公猪经历一段观察学习（2~3d）后，应正式调教种公猪爬跨假台畜。调教前在假台畜上喷洒发情母猪的尿液或公猪的精液等。

（3）训练操作程序。

●引导公猪进入采精区，探究假台畜。

● 若公猪对假台畜不感兴趣，则用肘部轻柔而坚定地推其头部靠近假台畜，摩擦、轻拍假台畜，试着坐上假台畜，整个过程中不断与公猪交谈。

● 如果公猪花了一定的时间来审视假台畜，则接下来可能就要爬跨了，这通常发生在训练的最初 5~7min。

● 如果公猪最初爬跨假台畜时方向反了，不要试图纠正。

● 爬跨 2~3 次后，如果公猪还不能准确地爬跨，应用肘轻推其靠近准确位置。

● 一旦公猪开始抽动，这时用戴无菌手套的手轻柔但牢固地摩擦其包皮，此时公猪可能会表现一些吃惊，同时停止抽动。持续摩擦，抽动再次开始。任何突然的、杂乱的动作都会分散公猪的注意力。抽动过程中，阴茎将突出包皮，试着抓住阴茎螺旋状自由端锁定，其最终将射出精液。

● 一旦公猪的采精成功完成，尽量在接下来的几天内连续对其采精，以巩固该习性。

（4）重复动作定型。种公猪初次调教成功后，每隔 1~2d，按照初次调教的方法进行再次调教，加深种公猪对假台畜的认识。经过一个星期左右的调教，种公猪就会形成固定的条件反射，再遇到假台畜时，一般都会做出舔、嗅、擦和咬假台畜等动作，经过一段时间的亲密接触和酝酿感情后就会主动爬跨假台畜。

第二节　繁殖技术

一、查情及发情鉴定

（一）掌握发情时间

母猪发情周期平均 21d（19~23d），大多数经产母猪一般在仔猪断奶后的 1 周内（3~7d）可再次发情排卵受胎。

（二）确定查情次数

查情次数选择依本场生产成绩决定，成绩不理想者宜采用两次查情。若1日1次查情，在早上待母猪吃好料，饮水完后立即开始；若1日2次查情，1次在早上喂完料并打扫完走道后立即开始，第2次在下午凉爽时进行，尽量拉长2次时间间隔。

（三）观察发情特征

（1）发情前期。母猪举动不安，外阴肿胀，并由淡黄色变为红色，阴道内有黏液分泌，其黏度渐渐增加。此时母猪不允许人骑在背上，平均2.7d，不宜输精育种。

（2）发情期。平均2.5d，特征为母猪阴部肿胀红色开始减退，分泌物变浓稠，黏度增加。此时允许压背而不动，压背时母猪双耳竖起向后，后肢紧绷，可以输精。

（3）发情后期。1~2d，发情母猪阴部完全恢复正常，不允许公猪爬跨。

（4）间情期。13~14d，完全恢复正常状态。

（四）试情鉴定

每日做2次试情（上午、下午各1次），即在安静的环境下，有公猪在旁时，压背，以观察其站立反应。一般认为排卵最多时是出现在母猪开始接受公猪交配后30~36h。

二、妊娠诊断

（1）观察发情周期。母猪育种后20d左右不再出现发情，可初步认为已妊娠，待第2个发情期仍不发情，则说明已怀孕受胎。

（2）观察行动表现。母猪育种后表现安静、贪吃贪睡、食欲增加、容易上膘、皮毛光亮、性情温驯、行动稳重、腹围逐渐增大即是怀孕象征（疲倦贪睡不想动，性情温顺步态稳，食欲增加上膘快，皮毛发亮紧贴身，尾巴下垂很自然，阴户缩成一条线）。

（3）注射激素诊断法。这种方法准确率达90%~95%。具体方法：育种后第16~17d注射人工合成的雌激素（促发情）皮下注射3~5mL，注射后5d内有发情征兆为空怀，否则为妊娠。其原理为妊娠母猪卵巢上有黄体分泌孕酮，注射雌激素也不会出现发情征兆，如果母猪没孕，黄体大约在 18d 消失，注射雌激素就会表现出发情征兆。日本已普遍使用，国内因怕造成流产很少用，乱用雌激素也易造成卵巢囊肿，用时一定要注意时间和剂量。

（4）尿液检查法。母猪育种后 3~5d，取母猪晨尿液 1mL 装入试管中，然后加入 5~7 滴白醋，再加入数滴碘酒，在文火上慢慢加热煮沸，如有红色即可判为妊娠。但通过试验表明其效果不太好，故准确性有待验证。

（5）超声波法。用超声波可以测定胎儿的心跳数，育种后 20~29d 判断准确率为 80%，40d 以后准确率为 100%，所谓超声波，就是人耳朵听不到的高频音波，能测到胎儿心跳，猪不用固定和麻醉，进口仪器较国产的效果好。

三、提高母猪繁殖力措施

（一）选择优良品种

当前规模化养猪生产中，商品猪的母本大都采用长大和大长母猪，这是因为杂种母猪在繁殖性能上具有杂种优势，同时适合市场对瘦肉型猪的需求。当前我国大部分规模猪场中普遍采用这种组合。在选择长大后备母猪时，体型上应平直和微倾，腹部比较大且松弛，腹部过度收缩的母猪繁殖力都较差。奶头排列整齐均匀，一般在 7 对以上，奶头饱满不能有瞎头、副乳头等。外阴部大小适中、下垂，外阴部上翘的母猪繁殖性能一般较差，经常有返情或不孕的现象。保持正常体廓的母体（不肥不瘦）繁殖性能较好。瘦肉率过高的母猪，其繁殖性能方面都较差。我国地方猪种具有繁殖性能好的优点，也是非常优良的母本，同时用国外良种公猪（长白猪、大白猪、杜洛克等）作父本进行二元或三元杂交，产仔数可比国外纯种猪自交提高 20%~30%。

（二）加强种猪营养

种公猪营养要求全面，并添加青绿饲料，每天上下午各运动1次，2~4岁成年公猪每天配种1~2次，每周休息1~2d，每周检查精液1~2次（对密度偏稀，活力较差的公猪即刻停用），从而使公猪精液中精子密度大、活力强。母猪在配种前20d和配种后30d喂给富含蛋白质、矿物质和维生素的饲料，但饲料能量不能过高。在怀孕中期、空怀期和哺乳后期增加粗饲料饲喂量，以使母猪保持良好体况，使母猪排卵数增加，提高母猪的产仔数，并减少母猪返情和产死胎、畸形胎。

（三）适时配种

长白猪、大白猪、杜洛克等国外品种公母猪在8月龄、120kg体重时开始配种。长大和大长后备母猪配种一般以体重达到110~115kg为宜。高于或低于这一体重对产仔数有影响，偏离越远，影响越大。后备母猪从有明显发情表现到排卵的间隔一般为36~40h。经产母猪为38~44h，排卵时间平均为2~7h，因此开始发情后8~12h配第1次，间隔12h进行复配，通常都可以取得很好的效果。发情不明显的母猪有必要进行2次复配。母猪断奶后一般在3~10d内发情，妊娠后的母猪都要控制饲喂量。保持中等体况能提高其窝产仔数。正常生产状态下，有个别母猪长时间不发情或频繁返情，对用药物催情和改善饲养管理无效，或返情3次以上的母猪应该及时淘汰。母猪一般3~6胎产仔数最高，6胎后的母猪应予以淘汰。

（四）加强饲养管理

高温对受孕影响很大，一般7—8月母猪受孕率在60%以下。妊娠初期的3~4周，当环境温度超过28℃时死胎率会明显增加，高温和低温都能降低子宫的收缩力，延长产仔时间，造成死胎。猪群的密度和空间也能影响母猪的配种和妊娠，青年母猪少于4头时，则发情表现减弱，保持15~25头的群体则发情行为和周期较好。母猪配种后留在原圈4周以上，可以有效减少胚胎死亡，利于提高窝产仔数。实行全价营养供给，避免营养性不孕。在母猪配种前注射β-胡萝卜素或维生素C，有利于提高窝产仔数。既要满足营养需要，又不能使母猪过肥。过肥时，卵子不易进入输卵管或在输卵管内运动时间过长，影响受胎。

（五）加强仔猪腹泻预防

（1）分开吃奶。仔猪对乳房的竞争非常激烈，仔猪一定要吃到一定量的初乳才能获得足够的免疫球蛋白。如果母猪窝产仔猪数较多，分开吃奶非常必要。让体重较轻的仔猪在没有竞争的条件下吃2~3次初乳，可以达到增加体重和降低死亡率的目的。而较重的仔猪则要放在加热的仔猪栏中，每次2h，并进行定期检查。

（2）胃管饲喂。胃管饲喂是用一根消毒好的塑料管从仔猪嘴中插入胃内进行喂养的技术。用一个灌肠器可将定量的初乳和奶直接注入仔猪胃内。这一方法经济有效而且实用，特别适用于弱小、受寒、饥饿、后腿外翻的仔猪。

（3）仔猪寄养。仔猪寄养是为了保证每头仔猪都能得到有效的母猪哺乳的管理方法。仔猪寄养的基本原则是仔猪已经或者能够获得初乳。在寄养过程中必须坚持同一头母猪哺喂的仔猪个体重、强壮程度基本一致。

（4）分开断奶。窝内体重较大的仔猪可以提前7~10d断奶，从而使体重小的仔猪吃到更多乳头的奶，并在正常时间断奶。如果一窝仔猪体重差异较大时，分开断奶是比较好的方法。

（5）预防腹泻。哺乳仔猪常见的腹泻病有仔猪黄痢、白痢、传染性胃肠炎和流行性腹泻。对常见病要以预防为主，平时做好环境消毒，断奶后栏位应用消毒水喷洒，或用石灰水洗刷，进行彻底消毒。同时，应坚持"全进全出"，集中产仔、集中断奶、集中消毒，防止交叉感染。保持舍内温暖、干燥，可在母猪产前28d注射K88、K99、987P、F41大肠杆菌四价疫苗。治疗仔猪黄、白痢效果比较好的药物有硫酸妥布霉素、伟达欣、新霉素等，严重脱水的仔猪应及时补液，腹腔注射生理盐水和抗生素。

第三节　引种与杂交利用

一、引种技术

为了提高猪群总体质量和保持较高的生产水平，达到优质、高产、高效的目的，猪场经常需从外地甚至国外引进猪种，作为经济杂交的父本、育种的基本素材或生产商品猪。引种不慎，就会引入疾病。因此，引种前做好引种规划至关重要。

（一）制订引种计划

猪场应该结合自身的实际情况，根据种群更新计划，确定所需品种和数量，购进能提高本场种猪某种性能并与自己的猪群健康状况相同的优良个体。

（二）选择符合需要的品种

引种必须考虑社会发展的需要和引入后的用途。引入品种应具有良好的经济价值、育种价值和适应性，适应性是高产的先决条件。

（三）个体选择

在选择个体时，除注意该品种的特征外，还要进行系谱审查，要求供种场提供该场免疫程序及所购买的种猪免疫接种情况，并注明各种疫苗注射的日期。种公猪最好经过测定，并附测定资料和种猪三代系谱。注意亲本或同胞间生产性能的表现、遗传疾病和血缘关系等。

（四）严格执行检疫

引种时，应切实做好检疫工作，严格执行隔离观察制度。引种是提高猪群生产水平的主要措施之一，但也可能是疫病传播的重要途径。因此，引种时要确认引种地无重大疫病发生；引进的种猪，至少隔离饲养30d，在此期间进行观察、检疫，经兽医检查确定为健康合格后，才可混群饲养。

（1）调出种猪起运前的检疫。调出种猪于起运前 15~30d 在原种猪场或隔离场进行检疫。调查了解该种猪场近 6 个月内的疫情情况，若发现有一类传染病及炭疽、布鲁菌病、猪密螺旋体痢疾的疫情时，应停止调运。查看调出种猪的档案和预防接种记录，然后进行群体和个体检疫，并做详细记录。经检查确定为健康，准予起运。

（2）种猪运输时的检疫。种猪装运时，当地畜禽检疫部门应派员到现场进行监督检查。运载种猪的车辆、船舶、机舱以及饲养用具等必须在装货前进行清扫、洗刷和消毒。经当地畜禽检疫部门检查合格，发给运输检疫证明。

（3）种猪到达目的地后的检疫。种猪到场后，根据检疫需要，在隔离场观察 15~30d。在隔离观察期间，须进行群体检疫、个体检疫、临床检查和实验室检验。经检疫确定为健康后，方可供繁殖，生产使用。

（五）妥善安排运输

为使引入猪种安全到达目的地，防止意外事故发生，运输时要准备充足的饲料，尤其是青绿饲料。夏天做好防暑降温工作，冬天注意防寒保暖。保证种猪在装运及运输过程中没有接触过其他偶蹄动物，运输车辆应做过彻底清洗消毒。

（六）种猪到场后的饲养管理

（1）新引进的种猪，应先饲养在隔离舍，而不能直接转进猪场生产区，因为这样做极可能带来新的疫病，或者由不同菌株引发的疾病。猪场应设隔离舍，要求距离生产区最好有 300m 以上距离，在种猪到场前的 30d 应对隔离栏舍及用具进行彻底清洗和严格消毒，空圈 1 周后方可进猪。

（2）种猪到达目的地后，立即对卸猪台、车辆、猪体及卸车周围地面进行消毒，然后将种猪卸下，按大小、公母进行分群饲养，有损伤、脱肛等情况的种猪应立即隔开单栏饲养，并及时治疗处理。

（3）先提供饮水，休息 6~12h 后方可供给少量饲料，第 2d 开始可逐渐增加饲喂量。种猪到场后的前两周，由于疲劳加上环境的变化，机体对疫病的抵抗力会降低，应注意尽量减少应激，可在饲料中添加抗生素（泰妙菌素 50mg/kg、金霉素 150mg/kg）和复合维生素，使种猪尽快恢复正常状态。

（4）隔离与观察。种猪到场后必须在隔离舍隔离饲养 30~45d，严格检疫。

（5）种猪到场 1 周后，应按本场的免疫程序接种猪瘟等疫苗，7 月龄的后备猪在此期间可做一些避免引起繁殖障碍疾病的防疫，如细小病毒病、乙型脑炎疫苗等。

（6）种猪在隔离期内，接种完各种疫苗后，进行一次全面驱虫，可使用阿维菌素、伊维菌素等广谱驱虫剂按皮下注射进行驱虫。隔离期结束后，对该批种猪进行体表消毒，再转入生产区投入正常生产。

（七）进行引种试验及观察

判断引入品种价值高低的最可靠办法，就是进行引种试验。先引入少量个体，进行观察，经证明该品种既有良好的经济价值和种用价值，又能适应当地的自然条件后，再大规模进行引种。

二、猪的杂交利用

随着人民生活水平的不断提高和国内外对猪肉及其产品优质及安全的关注，养猪业必将由传统饲养向现代化、良种化、规模化和无公害方向发展。为适应这种产业发展趋势，必须分级建立曾祖代原种猪场、祖代纯种扩繁场、父母代杂交繁育场和商品代育肥场 4 级生产繁育体系。其中商品猪的生产一般是采用杂交利用途径，充分利用杂种优势，进一步提高商品猪的产肉性能。近 20 年来，许多畜牧业发达的国家 90% 的商品猪都是杂种猪。杂种优势的利用已经成为工厂化、规模化养猪的基本模式。

（一）杂交及杂种优势的概念

猪的杂交是指来自不同品种、品系或类群之间公母猪相互交配。在杂交中用作公猪的品种叫父本，用作母猪的品种叫母本，杂交所生的后代称杂种。对杂种的名称一般父本品种名称在前，母本品种名称在后，如用长白猪作父本、大白猪作母本生产的二元母猪叫"长大"母猪。

所谓杂种优势是指不同品种或品系间的公母猪杂交所生的杂种，往往在生活力、生长势和生产性能等方面，表现出一定程度的优于其亲本纯繁群体的现象。

（二）杂种优势的表现程度及获得的基础

杂交并不一定能获得杂种优势，能否获得杂交优势以及杂种优势的表现程度主要取决于杂交亲本的遗传性状、相互配合情况以及饲养管理条件。

（1）不同的经济性状，杂交优势表现不同。一般遗传力低的性状如繁殖性状，杂种优势率高，为20%~40%；遗传力中等的性状如肥育性状，杂种优势率较高，为15%~25%；遗传力高的性状如胴体品质、肉质性状，杂交优势率低，为15%以下。

（2）亲本间的差异越大，杂种优势率越高。引入的瘦肉型猪种与我国本地猪种杂交，黑白猪种间的杂交等优势都较明显。例如，杜洛克猪、汉普夏猪与湖北白猪遗传差异大，因而杂种优势明显，湖北白猪Ⅳ系因含有长白猪血缘的50%，因此与长白猪杂交未表现明显的杂种优势。一般选择日增重大、瘦肉率高、生长快、饲料转化率高、繁殖性能较好的品种作为杂交第一父本，而第二父本或终端父本的选择应重点考虑生长速度和胴体品质，例如第一父本常选择大白猪和长白猪，第二父本常选择杜洛克猪。母本常选择数量多、分布广、繁殖力强、泌乳力高、适应性强的地方品种、培育品种或引进繁殖性能高的品种。

（3）亲本越纯，杂种优势率越高。亲本越纯，遗传稳定性越强，杂交效果的好坏与亲本的遗传稳定性关系密切。因此参与杂交的父、母本品种都要经过不断选育，群体生产性能和外形特征趋于一致。个体间差异缩小，杂种优势才能发挥。

（4）环境与饲养管理条件。猪的经济杂交，一般都涉及两个以上的品种或品系。在杂交利用时，杂种优势性状不仅要考虑市场发展的需要，也要考虑生产环境、饲养管理条件是否可以满足最大限度地发挥杂种优势的潜力。因此，在杂交利用时，因为数量多、适应性强，在考虑繁殖性能的基础上，一般选择当地品种作母本。

性状的表现是遗传基础与环境共同作用的结果，营养水平对杂种优势影响较大，瘦肉型猪种对饲料条件要求高，特别是蛋白质水平必须满足，否则，影响猪的繁殖性能和生长发育。

（三）猪的杂交模式

猪的经济杂交方式较多，不同的方式其优缺点也不同，常用的经济杂交有以下几种。

（1）二元杂交。二元杂交又称单交，是指两个品种或品系间的公母猪交配，利用杂种一代进行商品猪生产。这是最为简单的一种杂交方式，且收效迅速。一般父本和母本来自不同的具有遗传互补性的两个纯种群体，因此杂种优势明显，但由于父母本是纯种，因而不能充分利用父本和母本的杂种优势。此外，二元杂交仅利用了生长肥育性能的杂种优势，而杂种一代被直接育肥，没有利用繁殖性能的杂种优势。采用二元杂交生产商品猪一般选择当地饲养量大、适应性强的地方品种或培育品种作母本，选择外来品种如杜洛克猪、汉普夏猪、大白猪、长白猪等作父本。

（2）三元杂交。三元杂交又称三品种杂交，它是由3个品种（系）参加的杂交，生产上多采用两品种杂交的杂种一代母猪作母本，再与第三品种的公猪交配，后代全部作商品猪育肥。三元杂交在现代养猪业中具有重要意义，这种杂交方式，母本是两品种杂种，可以充分利用杂种母猪生活力强、繁殖力高、易饲养的优点。此外三元杂交遗传基础比较广泛，可以利用 3 个品种（系）的基因互补效应，因此，三元杂交已经被世界各国广泛采用。缺点是需要饲养 3 个纯种（系），进行两次配合力测定。

（3）四元杂交。四元杂交又称双杂交或配套系杂交，采用 4 个品种（系），先分别进行两两杂交，在后代中分别选出优良杂种父本、母本，再杂交获得四元杂种的商品育肥猪。由于父、母本都是杂种，所以双杂交能充分利用个体、母本和父本杂种优势，且能充分利用性状互补效应，四元杂交比三元杂交能使商品代猪有更丰富的遗传基础，同时还有发现和培育出"新品系"的可能。此外，大量采用杂种繁育，可少养纯种，降低饲养成本。20 世纪 80 年代以来，由于四元杂交日益显示出其优越性而被广泛利用，但四元杂交也存在饲养品种多、组织工作相对复杂的缺点。

（4）轮回杂交。轮回杂交最常用的有两品种轮回杂交和三品种轮交。这种杂交方式是利用杂交过程中的部分杂种母猪作种用，参加下一次杂交，每一代轮换使用组成亲本的各品种的公猪。采用这种方式的优点是可以不从其他猪群引进纯种母本，又可以减少疫病传染的风险，也能充分利用杂种母猪的母体杂种优势，同时减少公猪的用量。缺点是不能利用父本的杂种优势和不能充分利用个体杂种优势；遗传基础不广泛，互补效应有限。另外，为避免各代杂种在生产性能上出现忽高忽低的现象，参与轮回杂交的品种要求在生产性能上相似或接近。

（四）建立健全杂交繁育体系

杂交繁育体系就是在明确用什么品种，采用什么样杂交方式的前提下，建立各种性质的具有相应规模的猪场，各猪场之间密切配合，形成一个组织体系。一般来说，繁育体系应包括原种猪场、种猪场、繁育猪场和商品猪场以及种猪性能测定站、人工授精网等。

（1）原种猪场。经过高度选育的种猪群，包括基础母猪的原种群和杂交父本选育群。其主要任务是利用较强的技术力量和先进的技术手段强化原种猪品质，不断选育提高原种猪生产性能，为下一级种猪群提供高质量的更新猪。全国大多省份已经建立了原种猪场。

（2）种猪性能测定站及种公猪站。种猪性能测定站的任务主要是供种猪群选种测评用，可以和种猪生产相结合。如果性能测定站是多个原种场共用的，则不能与原种场建在一起，以防疫病传播。另外，为了充分利用原种猪场大量过剩的公猪，可以利用经过性能测定的富余公猪建立种公猪站和人工授精网来降低养猪生产成本。全国大多省份已经建立了种猪性能测定站，并对外开展测评工作。

（3）种猪场。种猪场的主要任务是扩大繁殖种母猪，同时研究适宜的饲养管理方法和繁殖技术。

（4）杂种母猪繁育场。在三元及多元杂交体系中，用基础母猪与第一父本猪杂交生产高质量的二元杂种母猪，是杂种母猪繁育场的根本任务。杂种母猪选择重点应放在繁育性能上。

（5）商品猪场。商品猪场的任务是进行商品猪生产，重点应放在提高猪群的生长速度和改进肥育技术上。

在一个完整的繁育体系中，上述各个猪场应比例协调，层次分明，结构合理。各场分工明确，重点任务突出，将猪的育种、制种和商品生产统筹考虑，真正从整体上提高养猪的经济效益。

三、仔猪繁育技术规程品种的选择

（一）母本的选择

（1）从高产母猪的后代中筛选，同胞至少在9头以上，仔猪初生重大于或等于 1.2~1.5kg。

（2）要有足够的有效乳头数，后备母猪至少要有6对充分发育、分布均匀的乳头，其中至少3对应分布在脐部以前。

（3）体型良好，体格健全、匀称，背线平直，肢体健壮整齐，臀部宽平，符合品种选育标准。

(4) 身体健康，本身及同胞无遗传缺陷。

(5) 外生殖器发育良好，180 日龄左右能准时发情。

(6) 母性好，抗逆性、抗应激能力强。

(7) 无特定病源病，如气喘病、繁殖呼吸道综合征等。

(二) 父本的选择

(1) 必须选择有来自畜禽生产许可证的种猪场。

(2) 要有档案及系谱记录，属选育的优良公猪。

(3) 有强健的四肢和腰部、走路步伐有力、胸部宽深、腹部平直无下垂、臀部宽平丰满有型。

(4) 外表符合品种要求，体型好、有效乳头在 7 对以上。

(5) 生长速度快，体格大，体型匀称，臀部比例大。

(6) 屠宰率和胴体瘦肉率高、背膘薄、眼肌面积大。

(7) 无隐睾等。

第五章　规模化生态养猪的饲养管理

第一节　猪场规模和猪群结构

一、猪场规模

按饲养成年生产母猪数量和年产商品猪出栏头数确定规模。

（1）小型场。饲养生产母猪 300 头以下，年产商品肉猪 5 000 头以下。

（2）中型场。饲养生产母猪 300～600 头，年产商品肉猪 5 000～10 000 头的养猪场。

二、猪群结构

猪群结构，依生产功能、工艺流程，可划分如下部分。

（1）成年公猪群。直接参与生产的公猪，组成成年公猪群。实行人工辅助（本交）配种的场，种公猪应占生产母猪群的 2.0%～5.0%；实行人工授精配种的养猪场可降低到 1.0% 以下。

（2）后备公猪群。由为更新成年种公猪而饲养的幼猪组成，占成年公猪群的 30%～50%，一般选留比例为 10∶2。

（3）生产母猪群。由已经产仔的母猪组成，占猪群总存栏量的 10%～12%。

（4）后备母猪群。由用于更新生产母猪的幼猪组成，占生产母猪群的 25%～30%，选留比例为 2∶1。

（5）仔猪群。系指出生到断奶后的哺乳仔猪，占出栏猪数 15%～17%。

（6）保育猪群。系指断奶后仔猪，在网床笼内（一般指 35～70 日龄仔猪）或地面饲养，而后转入生长发育猪群。

（7）生长发育（育成、肥育）猪群。经保育阶段以后，转入地面饲养，依体重可分为育成期（体重 20~35kg）、肥育前期（体重 35~60kg）和肥育后期（体重 60~100kg）。

第二节 猪的一般饲养管理

坚持贯彻"管重于防、防重于治、防治结合"的方针，做到精细管理，无病早防，有病早治，常年防疫。做好猪瘟、猪肺疫、猪丹毒等疫苗的预防注射，做到头头注射，头头不漏。做好日常卫生消毒工作，病猪要及时隔离，专人饲养，针对治疗，死猪要无害化处理。

一、饲养管理因季节不同而不同

俗语说："四季老一套，气力白消耗。"说明猪的饲养管理一年四季要灵活掌握，依实际情况进行调整。

群众根据猪的生活习性，总结出"春防风、夏防热、秋防雨、冬防寒"的经验。

二、分群分圈进行饲养

分群就是将全场的猪，根据猪的品种、性别、大小、强弱和吃食快慢分开饲养。这样便于照顾瘦弱的猪，管理也容易，猪的生长发育也比较一致。分群工作决不能一次完事，要根据猪生长的快慢每两个月左右调整一次。

分圈就是在分群的基础上，将一个类型的猪分成单圈或大圈与单圈混合饲养。一般单圈饲喂成年公猪或怀孕母猪每圈 1 头，大克朗猪每圈 2 头，小克朗猪每圈 2~4 头。大圈与单圈混合饲养，一般将空怀母猪、怀胎初期母猪、克朗猪按大小分类，每圈可喂 20~25 头；怀胎后期的猪，要单圈饲喂，待生下小猪断奶后，把母猪赶到大圈饲养。

分群分圈可根据猪场具体情况而定，但要消灭混群混圈混喂现象。

三、喂猪要定时、定量、定温

猪有一定的生活习惯，喂养要掌握一定的规律。一般公猪、母猪，每天喂 2~3 顿；乳猪、培育猪和肥育猪前期实行自由采食，不限量不限时。

喂猪每天要定时定量，不要早一顿、晚一顿、饿一顿、饱一顿，不然的话，猪不但吃不香、长不快，而且消化吸收不好，易得胃肠病。

在猪食的温度上，也不能热一顿、凉一顿。群众常说："猪的口，饲养员的手。"喂流质料和湿拌料要"冬热、夏凉、春秋温"。提倡用颗粒料。

第三节　种公猪的管理

一、喂全价日粮

营养是保证公猪产生优质精液的物质基础，因此，必须喂给营养价值完全的日粮。

二、粗纤维不可多

为了满足公猪能量的需要而又不致使其腹大下垂，日粮应以精料为主，粗纤维含量不宜过多，每千克日粮消化能一般不能低于 13.5MJ。

三、丰富的蛋白质

日粮中蛋白质的数量与质量对精液的数量与质量以及精子的存活时间有很大的影响，一般蛋白质含量应在 13%~16%；在配种期可适当增加动物蛋白饲料，并保证钙、磷以及微量元素与多种维生素的需要。

四、饲喂量掌握好

公猪以喂湿拌料（料：水 = 1：1.2）或干粉料为好，并定时定量。一般喂量为每天 2.5~3kg，自由饮水。饲喂量应根据公猪的体重和利用强度灵活掌握，使公猪始终保持其种用体况。

五、补充青饲料

如能每日喂给公猪 2kg 左右优质青绿饲料，对提高公猪的睾丸发育和繁殖功能将会非常有利。

第四节　后备、空怀母猪饲养管理

一、后备母猪的饲养

不同类型猪各阶段日投料量不同，这里强调的是一些基本原则。

（1）母猪配种前7~14d短期优饲。

（2）母猪7.5~8月龄参加配种时，体重达到110~120kg，并且背膘不小于18mm。背膘厚与产仔数成正比，配种时背膘厚小于18mm会影响日后的产仔数。

（3）对母猪短期优饲存在不同的观点。有试验结果表明，短期优饲多得到的排卵数、授精卵数，会被胚胎的更多死亡所抵消，得到的产仔数相差不大；但一般认为短期优饲对提高产仔数是有益的，特别是对于营养水平较差的母猪影响更明显。

（4）怀孕后，后备母猪除满足胎儿的营养需要外，还要满足自身生长发育的需要，所以喂料量应比经产母猪高出10%~15%。

二、空怀母猪的饲养

（1）空怀母猪要经常变动栏舍，每天让公猪从母猪前面走过。注意检查并记录母猪阴道的分泌物，发现炎症的要及时处理。

（2）断奶7d不发情的母猪集中饲养，不断用公猪刺激，注射PG600。

（3）早产、流产母猪，用抗生素预防感染，推后一个发情期配种（30d）。这类猪第一次发情在早产后的6~7d，此时配种受孕率很低。

（4）25~35d复发情母猪，往往是早期隐性流产、胚胎死亡造成的不规则复发情，推迟一个发情期配种。

（5）断奶63d不发情母猪淘汰。

（6）3次复发情的母猪淘汰。

（7）妊娠检查结果为阴性的母猪，集中饲养，等待发情；

或按（5）处理。

（8）早断奶母猪、产后 1 周断奶母猪，推迟一个发情期配种，这类母猪如有可能要尽量安排其哺乳。

（9）过瘦、过肥母猪，只要发情就可配种。

第五节　妊娠、哺乳、断奶母猪饲养管理

一、妊娠母猪的饲养

（1）配种至 30d。不能多喂，因为这一阶段是胚胎损失最多的阶段。试验表明，高水平的饲养，会使胚胎的死亡增加，即所谓的"化胎现象"。所以除非是特别瘦弱的母猪，喂料宁少勿多。这一阶段还要特别注意的是饲料的质量，发霉、变质、酸败、有毒的饲料对胚胎有非常不利的影响。

（2）30~84d。这一时期，必须对体况偏肥或偏瘦的猪进行纠正。到了后期（84d 以后）纠正体况是一件很困难的事情，较好的做法是对那些偏肥或偏瘦的猪挂上不同颜色的警示牌，这样喂料时可以得到提醒，从而及时地视情况增减饲料。

（3）84~115d。该阶段，特别是产前21d，是胎儿发育最快的时期，因而要加大喂料量，增加营养的供给，以保证获得较大的初生重。

（4）妊娠期和哺乳期母猪的采食量成反比关系，妊娠期喂料量过多，体况过肥的母猪产后往往有厌食的现象。一方面，母猪乳汁偏少或过于浓稠，易引起乳猪腹泻；另一方面，那些体况过肥的母猪，产后厌食，更多的动用体脂储备泌乳，这样，饲料、体脂、泌乳比单纯由饲料、泌乳多出一个转化环节，能量的每一次转换都存在一定的损失，因而妊娠母猪喂得过多过肥，是一种很不经济的做法。

（5）妊娠母猪料过于精细，母猪易患胃溃疡和便秘。加大粗纤维的含量，可以减少母猪胃溃疡和便秘的发生，可以扩大胃的容积，提高母猪产仔后的食欲。

二、哺乳母猪的饲养

（1）哺乳母猪几乎没有过肥的现象，按照饲养标准的要求，总是处于营养不足的状态，即使是自由采食，母猪的采食量也很难超过 6kg/d，因此，哺乳期失重是一种普遍存在的现象。

（2）喂湿料、控制温度使这种短期失重在一个许可的范围（不影响下一胎次的繁殖）。必须增加饲喂的次数，提高日粮的营养浓度，增加喂量，使母猪尽可能少地动用储备泌乳，这是一种经济的做法。

（3）在哺乳期的最初阶段（7d），由于乳猪的食量有限，母体的储备充足，过多的喂量不仅没有必要，而且可能引起母猪的"食胀"，严重影响母猪日后的采食量。

（4）产仔的当天，喂量约为 1kg（甚至不喂），以后逐日增加，到第 7d 达到自由采食状态。

三、断奶母猪的饲养

（1）断奶母猪应该加大饲喂量，充分饲养，以促使其尽早发情配种，增加排卵数。因为母猪发情后，采食量会明显下降，所以在断奶的最初几天，要尽可能克服奶胀给母猪造成的不适，增加母猪的采食量。

（2）奶胀给母猪造成的影响有两个方面：一方面，利用奶胀调节母猪的内分泌，刺激母猪尽早发情，缩短断奶到配种的间隔；另一方面，在大肠杆菌危害严重时，会引发母猪乳房炎，可以在这一阶段的饲料中加入药物进行预防，还应尽力改善栏舍的卫生状况，特别是高温的时候，要特别注意。

第六节　哺乳仔猪、生长肥育猪管理

一、哺乳仔猪饲养管理

（一）哺乳仔猪的生理特点

（1）生长发育快和生理上的不成熟，造成仔猪饲养难度大，成活率低。

（2）生长发育快，功能代谢旺盛，利用养分能力强。

（3）消化器官不发达，消化腺功能不完善。

（4）缺乏先天免疫力，容易患病。

（5）调节体温能力差，怕冷。

（二）哺乳仔猪补料应注意的问题

28d 断奶的仔猪，采食量达到 400g 是一个很重要的指标。

为锻炼乳猪的胃肠，使其顺利过渡到完全依靠饲料获取营养，必须注意以下几点。

1. 提早补料

应从仔猪出生 7d 开始进行补料。

2. 少喂勤添

仔猪最初接近饲料，并不是因为饥饿，而是对饲料好奇，采食量很少，一次喂料过多，会降低仔猪对饲料的新鲜感和兴趣，也会造成浪费。

3. 饲料要新鲜

新鲜的饲料比添加香味精、甜味精对仔猪具有更大的吸引力。

4. 保证补料槽的清洁

要及时清洗补料槽中的污物和粪尿。

（三）哺乳仔猪饲养要点

1. 固定乳头，使仔猪尽快吃足初乳

初乳含有丰富的营养物质和免疫抗体，对初生仔猪较常乳有特殊的生理作用，可增强体质和抗病能力，提高对环境的适应能力；初乳中含有较多的镁盐，具有轻泻性，可促进胎便的排出；初乳酸度较高，可促进消化道的活动。仔猪有固定乳头吸乳的特性，一经认定至断乳不变。

2. 加强保温，防冻防压

寒冷季节产仔是造成仔猪死亡的主要原因，易被母猪压死或冻死，尤其在出生后头 3d 内。在寒冷环境中仔猪行动不灵敏，钻草堆或卧在母猪腋下，易被母猪压死。寒冷也易使仔猪发生口僵，不会吸乳，导致冻饿而死。仔猪的适应温度：1~3日龄，30~32℃；4~7 日龄，28~30℃；15~30 日龄，22~25℃；2~3 月龄为 22℃。

3. 早期补料

初生仔猪完全依靠吃母乳生活。随着仔猪日龄的增加，其体重和所需要的营养物质与日俱增，而母猪的泌乳量在分娩后先是逐日增加，到产后 3 周龄达到泌乳高峰，以后逐渐下降。从产后 3 周龄开始，母乳便不能满足仔猪正常生长发育的需要。补充营养的唯一办法就是给仔猪补充优质饲料。补料时间应在产后 7 日龄开始。

（1）哺乳仔猪提前认料，可促进消化器官的发育和消化功能的完善，为断乳后的饲养打下良好的基础。补料的目的在于训练仔猪认料，锻炼仔猪咀嚼和消化能力，避免仔猪啃食异物，防止下痢。

（2）断乳前仔猪的补料量可影响仔猪断乳后对饲料蛋白的过敏反应。断乳前若能采食大量补料，使免疫系统产生免疫耐受力，则断乳后就不至于发生对日粮蛋白的过敏反应。若断乳前只饲喂少量日粮蛋白，免疫系统处于应答状态，断乳后再次接触这种日粮抗原时会立即产生严重腹泻。

4. 供给清洁饮水

由于仔猪生长迅速，代谢旺盛，母乳较浓（含脂肪 7%~11%），故需要饮水量较多。如不及时给仔猪补水，会因喝污水或尿液而产生下痢。

5. 仔猪寄养

仔猪寄养需要注意以下问题：

（1）母猪产期接近。实行寄养时，母猪产期应尽量接近，主要考虑初乳的特殊作用，最好不超过 3d。

（2）被寄养的仔猪要尽量吃到初乳，以提高成活率。

（3）寄养母猪必须是泌乳量多、性情温顺、哺乳性能好的母猪，只有这样的母猪才能哺乳更多头仔猪。

（4）注意寄养仔猪的气味。

6. 防病

哺乳仔猪抗病能力差，消化功能不完善，容易患病死亡。对仔猪危害最大的疾病是腹泻病，预防措施如下。

（1）养好母猪。加强妊娠母猪和哺乳母猪的饲养管理，保证胎儿的正常生长发育，产出体重大、健壮的仔猪，母猪产后有良好的泌乳性能。

（2）保持猪舍清洁卫生。产房采取全进全出，转猪后要彻底清洗和消毒。妊娠母猪进产房前要对体表进行淋浴、消毒。临产前用 0.1% 的高锰酸钾溶液擦洗乳房和外阴部，以减少母猪对仔猪的污染。

（3）保持良好的环境。产房应保持适宜的温度、湿度，控制有害气体的含量，使仔猪生活舒适，体质健康，有较强的抗病能力。防止或减少仔猪腹泻等疾病的发生。

（4）采用药物预防和治疗。

（四）哺乳仔猪如何过好三关

1. 把好初生关

仔猪初生后，擦干身上的胎水。寒冷季节，注意做好保温工作。尽可能早地让仔猪吃上初乳，固定奶头，并提供必要的帮助。乳前注射或喂服长效土霉素，补充铁剂大于 200mg、亚硒酸钠 1mg，一周内完成去势术和疝复位术。按重量、数量均衡的原则，重新编排 24h 内出生的仔猪，对那些弱小的猪只给予更多的照顾（让那些母性好的母猪哺养，数量不能太多，以 8 头为宜）。

2. 做好补料关

及早教槽，保证断奶前 7d 采食量达到 400g 饲料。少喂勤添，24h 喂料次数不少于 6 次，及时清除料盘中的粪尿。

3. 做好断奶关

断奶前 4d 做免疫注射，体重不足 5kg 的仔猪继续哺乳一周。抓猪动作要轻柔，一间保育栏中的仔猪来源不超过 3 窝。大小分群并对弱小仔猪特别护理。

4. 做好防压

刚生下的猪只不灵活，易被母猪压死。

5. 做好补水及其他相关工作

3~5 日龄补水，检查饮水器出水是否清洁，饮水器垫硬物，使水缓慢滴下。断脐、断尾仔猪注意消毒。

二、生长育肥猪的饲养

（一）注意饲料质量

日粮的质量是影响生长育肥猪生长性能的最重要的因素之一。使用高质量的饲料混合的、能满足猪营养需要的日粮，是保证养猪生产性能最佳所必需的。饲喂复合成分的平衡日粮，包括能量、蛋白质、维生素和矿物质添加剂，可以获得最好的效果。

（二）防应激

为了防止生产中的应激反应，给生长猪饲喂的日粮中要含有 16% 的蛋白质和 0.8% 的赖氨酸。给育肥猪饲喂的日粮中要含有 14% 的蛋白质和 0.65% 的赖氨酸。

（三）优良环境

生长育肥猪的饲喂环境，必须有利于猪吃到足够的饲料，应能尽可能地减少同类别的个体竞争饲料和饮水，还要保证猪只在圈内能自由走动。

（四）干湿喂均可

饲料可以干喂或湿喂，干物质对水的比例通常为 1 ∶ 3 左右，湿喂是将干饲料拌入一定的水。湿喂有三大优点：第一可以大大减少舍饲条件下舍内空气中的粉尘量，从而有利于猪的健康；第二是饲料利用率略有改善；第三是可以减少饲料的浪费。

第六章　林地规模化生态养猪饲养管理

生态养殖是根据不同养殖生物间的共生互补原理，利用自然界物质循环系统，在一定的养殖空间和区域内，通过相应的技术和管理措施，使不同生物在同一环境中共同生长，实现保持生态平衡、提高养殖效益的一种养殖方式。

第一节　场址选择及猪种选择

一、场址选择

1. 地理资源选择

养猪场应选在地势高燥、树林稀植的果树林地、通风良好、水源充足、水质清洁、排水方便、背风向阳、交通便利、利于防疫、电力供应有保障等处。

2. 地理环境选择

养猪场周围 5km 内无污染源，地势坡度不超过 20°，要远离闹市区、学校、医院、村庄、畜产品加工厂等处。

3. 修建猪场禁区

在水源保护区、自然保护区、旅游区等，禁止修建养猪场。

4. 猪场保护

猪场周围要用篱笆木桩或铁丝网围起来。

二、猪种选择

购买林下猪品种时，要选择杂交 1 代的陆川猪或香猪等品种，因为这些猪有耐粗饲料的功能，觅食能力强，抗逆性好，生长期长。仔猪体重应在 20kg 左右为宜，购回后，应隔离饲养 20~30d，再经兽医检查确认为健康合格后，方可入场饲养。

第二节　控制养殖量、控制污染

一、控制养殖量

为了减少林下养猪的发病率和死亡率，每户林下生态散养猪，应控制在 50~100 头。

二、控制污染

为了避免猪粪外流造成环境污染，应对猪圈进行改造，在设计、改圈、生产 3 项工作中要同时进行，尽量降低污染物处理成本，实现污染达标排放。具体控污方法如下。

1. 采用发酵床养猪

发酵床养猪，可以有效处理粪便和恶臭，改善农村生态环境，在发酵床内，猪的粪便是微生物生存和发展的营养物质，它不断地分解，从而达到清洁排放，减少大量的冲圈污水，圈内没有任何废弃物排出，真正达到养猪零排放。猪圈内不再臭气熏天和蝇蛆滋生，大大改善了猪场和人居环境。

2. 采用猪—沼—菜生态养殖

将猪的粪便、尿液和圈舍冲洗液进入专用管道输送到沼气池的发酵池内，在微生物作用下，通过 1 个月以上的发酵处理，使粪便变得疏松。同时产出的沼气可烧水、煮饭、照明等，经沼气处理后的沼渣、沼液，全部用于蔬菜的有机肥使用。

第三节　饲料选择及喂养方法

一、饲料选择

1. 精饲料选择

精饲料要用玉米粉 60%+米糠 40%+麦麸皮 45%混制而成。

2. 青饲料选择

常用青饲料有青菜、山芋藤、萝卜缨、红花草、水浮萍、苜蓿、欧洲菊苣、串叶草、聚合草、金荞麦、空心菜等。

3. 粗饲料选择

常用粗饲料有豆类渣、薯类渣、葛根渣等。

4. 注意事项

（1）禁用剂。禁止使用添加剂、兴奋剂、镇静剂、激素类、砷制剂。

（2）禁用日粮。禁止使用高铜、高锌日粮。

（3）禁用饲料。禁止使用变质、霉变、生虫、污染等饲料。

（4）禁用水。禁止使用未经无害化处理的农家泔水。

二、喂养方法

1. 精饲喂养法

精料喂养时，每头每日不超过 1.5kg，根据猪的生长阶段不同，适当增减饲喂量，调节和控制生长速度。

2. 青饲喂养法

猪从保育结束体重 50kg 开始，要对猪的耳标进行登记造册，并开始饲喂青饲料，青饲料每日投喂 1~3 次，每日每头不低于 2kg，定时饲喂，少给勤添。同时，在饲料中添加乳酸菌、酵母等益生菌，保持微生态平衡。

三、放养程序

1. 建场驯猪

猪场建好后，将猪集中放到养林地中去，进行循序渐进的驯养，白天放养，晚上找回，就这样反复驯养 2 周。

2. 善待猪行为

要求驯养人员有爱心和耐心，善待猪的行为，不准简单粗暴，不准鞭打放养猪。

3. 投喂三固定

建立固定投喂地点、时间、口令，在放养区选择合适地点，适当放置饲料、水槽，选择固定时间，统一口令信息，使放养猪形成条件反射，逐渐适应放养管理。

4. 分群管理

为了让放养猪都能吃上饲料，均匀生长，及时出栏上市，必须根据猪的大小，进行合理分群管理。

5. 分区轮放

在条件允许情况下，采取分区轮放，确保放养环境植被生长和环境干燥。在林地中适当种植一些猪爱吃的青饲料、牧草（红薯藤等），满足猪的维生素营养物质需要。

第四节　病情观察

一、精神观察

在猪喂食前，如果猪听到响声就蜂拥而至，并叫声不断，说明猪很饥饿，可多喂点饲料；如果给猪投喂饲料 10min 后，槽内饲料被抢空，猪不回窝，在槽边拥挤张望，说明喂料不足，可再投一些饲料；如果给猪投喂饲料时，猪一直不到槽边，并且叫声小而弱，说明猪不太饿，可少投点饲料；如果给猪投喂饲料时，猪始终不动也不叫，说明猪有疾病。

二、食欲观察

在给猪投喂第 2 次饲料时，如果发现饲槽内只有一点碎料末，不见小堆粉料或颗粒饲料，说明上次喂料量适中；如果看到饲槽中有剩料，说明上次投喂量太大或猪有疾病征兆，此次应减量，并将槽内剩余食清除。

三、尿液观察

如果发现猪的尿液出现赤黄色或带有红色血丝，说明猪有疾病的前兆。

四、粪便观察

如果看到圈内有少量零星粪便呈黄色，粪内有饲料颗粒，说明有个别猪进食过量，这时可将投喂料比上次减少 20%；如果发现粪便呈糊状、浅灰色、绿色，粪内混有脱落肠膜、粪结等，说明猪有疾病的前兆。

第五节　病虫预防

一、加强饲养管理

保证给猪供足饮水，多喂青饲料，保证营养平衡。

二、做好保健工作

为了保证猪的身体健康，必须定期向饲料中加入适量的鱼腥草或金银花等中草药，不断提高猪的身体素质。

三、做好定期消毒工作

根据饲养阶段不同，要定期对猪圈及周围环境进行消毒处理，疫苗用具在注射疫苗前要彻底消毒，剩余或废弃的疫苗以及使用过的疫苗瓶，要做无害化处理，不得乱扔。

四、免疫接种

由于放养猪长期与外界林地接触，随时都有可能受到疫病传染威胁，为防患未然，应针对性的对放养猪进行免疫接种，提高猪的疫病抵抗力，确保放养成功。

五、购买正牌疫苗

购买疫苗时，应选弱毒活苗、灭活苗等，瓶上有批号，且在有效期内使用。将购回疫苗放在-20℃的冰箱中保存。

六、驱除寄生虫

由于放养猪长期接触野外环境，容易滋生寄生虫，所以，要定期有针对性地在饲料中添加伊维菌素或左旋咪唑驱虫药物，驱除猪体内的寄生虫。

第七章 规模化生态养猪疾病诊断与防治

第一节 猪场如何做好免疫接种

疫苗免疫接种是预防和控制家畜传染病的有效手段，所以，做好猪场疫苗免疫接种，对提高生产效益，促进养猪业的健康发展有着十分重要的意义。

一、制定免疫程序时应考虑的主要问题

在什么时间接种何种疫苗，是大型猪场最为关注的问题，目前还没有一个免疫程序可通用。而生搬硬套别人的免疫程序也不一定有效，最好的做法是根据本场的实际情况，考虑本地区的疫病流行特点，结合猪的种类、年龄、饲养管理、母源抗体的干扰以及疫苗的性质、类型和免疫途径等各方面因素和免疫监测结果，制定适合本场的免疫程序，着重考虑下列因素。

1. 母源抗体干扰

母源抗体的被动免疫对新生仔猪来说十分重要，然而给疫苗接种也带来一定的影响，尤其是弱毒苗在免疫新生仔猪时，如果仔猪存在较高水平的母源抗体，则会极大地影响疫苗的免疫效果。因此，在母源抗体水平高时不宜接种弱毒疫苗，并在适当日龄再加强免疫接种一次，因为初免时仔猪的免疫系统尚不完善，且有一定水平的母源抗体干扰。

2. 猪场发病史

在制定免疫程序时必须考虑本地区猪病疫情和该猪场已发生过什么病、发病日龄、发病频率及发病批次，依此确定疫苗的种类和免疫时机。对本地区、本场尚未证实发生的疾病，必须证明确实已受到严重威胁时才计划接种。

3. 免疫途径

接种疫苗的途径有注射、饮水、滴鼻等，应根据疫苗的类型、疫病特点及免疫程序选择每次免疫的接种途径。例如，灭活苗、类毒素和亚单位苗不能经消化道接种，一般用于肌内注射；喘气弱毒冻干苗采用胸腔接种；伪狂犬病基因缺失苗对仔猪采用滴鼻效果更好，既可建立免疫屏障又可避免母源抗体的干扰。

4. 季节性预防疫病

如春、夏季预防乙型脑炎，秋、冬季和早春预防传染性胃肠炎和流行性腹泻。

5. 不同疫苗之间的干扰与接种时间的科学安排

例如，在接种猪伪狂犬病弱毒疫苗和蓝耳病疫苗时，必须与猪瘟兔化弱毒疫苗的免疫注射间隔 1 周以上，以避免伪狂犬病对猪瘟的免疫应答的干扰。

二、影响免疫效果的因素

免疫应答是一种生物学过程，受多种因素的影响。在接种疫苗的猪群中，不同个体的免疫应答程度有所差异，有的强些，有的较弱，而绝大多数接种后能产生坚强的免疫力，但接种了疫苗并不等于就已获得免疫，导致免疫失败的因素很多。

1. 环境因素

猪体内免疫功能在一定程度上受神经、体液和内分泌的调节。当环境过冷、过热、湿度过大、通风不良时，都会引起猪体不同程度的应激反应，导致猪体对抗原免疫应答能力下降，接种疫苗后不能取得相应的免疫效果，表现为抗体水平低、细胞免疫应答减弱。多次的免疫虽然能使抗体水平很高，但并不是疾病防治要达到的目标。有资料表明，动物经多次免疫后，高水平的抗体会使动物的生产力下降。

2. 疫苗的质量

疫苗是指具有良好免疫原性的病原微生物经繁殖和处理后制成的生物制品，接种动物能产生相应的免疫效果。疫苗质量是免疫成败的关键因素，疫苗质量好必须具备的条件是安全和有效。原农业部要求生物制品生产企业在 2005 年就必须达到 GMP 标准，以真正合格的 SPF 胚生产出更高效、更精确的弱毒活疫苗，利用分子生物学技术深入研究毒株进行疫苗研制，将病毒中最有效的成分提取出来生产疫苗；同时对疫苗辅助物如保护剂、稳定剂、佐剂、免疫修饰剂等进一步改善，可望大幅度改善常规疫苗的免疫力，用苗单位必须到具备供苗资格的单位购买。通常弱毒苗和湿苗应保存于−15℃以下，灭活苗和耐热冻干弱毒苗应保存于 2~8℃。灭活苗要严防冻结，否则会破乳或出现凝集块，影响免疫效果。

3. 免疫剂量

弱毒苗接种后在体内有个繁殖过程，接种到猪体内的疫苗必须含有足量活力的抗原，才能激发机体产生相应抗体，获得免疫。若免疫的剂量不足将导致免疫力低下或诱导免疫力耐受；而免疫的剂量过大也会产生强烈应激，使免疫应答减弱甚至出现免疫麻痹现象。

4. 干扰作用

同时免疫接种两种或多种弱毒苗往往会产生干扰现象。产生干扰的原因可能有两个方面：一方面两种病毒感染的受体相似或相同，产生竞争作用；另一方面，一种病毒感染细胞后产生干扰素，影响另一种病毒的复制。例如，初生仔猪用伪狂犬病基因缺失弱毒苗滴鼻后，疫苗毒在呼吸道上部大量繁殖，为伪狂犬病病毒竞争地盘，同时又干扰伪狂犬病病毒的复制，起到抑制和控制病毒的作用。

5. 应激因素

高免疫力的本身对动物来说就是一种应激反应。免疫接种是利用疫苗的致弱病毒去感染猪只机体，这与天然感染得病一样，只是病毒的毒力较弱而不发病死亡，但机体经过一场恶斗来克服疫苗病毒的作用后才能产生抗体，所以在接种前后应尽量减少应激反应。集约化猪场的仔猪，既要实施阉割、断尾、驱虫等保健措施，又要适应断奶、转栏、换料等饲养管理条件变化，此阶段免疫最好多补充电解质和维生素，尤其是维生素A、维生素E、维生素C和复合维生素B。

三、免疫接种时的注意事项

（1）疫苗使用前应检查药品的名称、厂家、批号、有效期、物理性状、贮存条件等是否与说明书相符。仔细查阅使用说明书与瓶签是否相符，明确装置、稀释液、每头剂量、使用方法及有关注意事项，并严格遵守，以免影响效果。禁止使用过期、无批号、油乳剂破乳、失真空及颜色异常或不明来源的疫苗。

（2）注射过程应严格消毒。注射器、针头应洗净煮沸15～30min备用，做到一猪一针，防止针头传染。吸药时，绝不能用已给动物注射过的针头吸取，可用一个灭菌针头，插在瓶塞上不拔出、裹以挤干的酒精棉花专供吸药用，吸出的药液不应再回注瓶内。接种部位以70%～75%的酒精消毒为宜，以免使用碘酊消毒后脱碘不完全影响疫苗活性。免疫弱毒苗前后7d不得使用地塞米松等激素类药物。免疫支原体及细菌类疫苗时，不得使用对这类细菌的敏感药物，防止影响免疫效果。

（3）注射器刻度要清晰，不滑杆、不漏液；注射的剂量要准确，不漏注、不白注；进针要稳，拔针宜速，不得打"飞针"，以确保疫苗液真正足量注射于肌内。

（4）免疫接种完毕，将所有用过的疫苗瓶及接触过疫苗液的瓶、皿、注射器等消毒处理。

四、免疫接种操作规程

为提高免疫接种质量和充分发挥免疫接种对疾病的控制作用，确保各项免疫成功。猪场免疫接种应遵守下列规程。

1. 猪群免疫工作有专人负责

包括免疫程序的制定、疫苗的采购和贮存、免疫接种时工作人员的调配，根据免疫程序的要求，有条不紊地开展免疫接种工作。

2. 疫苗的采购

①根据疫苗的实际效果和抗体监测结果，以及场际间的沟通和了解，选择有批准文号的生产厂家。②防疫人员根据各类疫苗的库存量、使用量和疫苗的有效期等确定阶段购买量。一般提前 2 周，以 2~3 个月的用量为准。并注明生产厂家、出售单位、疫苗质量（活苗或死苗）。③采购员必须按要求购买，不得随意更改。购买时要了解疫苗生产日期、保质期限。尽量购买近期生产的，离有效期还有 2~3 个月的不要购买。④采购员要在上报 3d 之内将疫苗购回。

3. 疫苗的运输

①运输疫苗要使用放有冰袋的保温箱，做到"苗随冰行，苗到冰未溶"。途中避免阳光照射和高温。②疫苗如需长途运输，一定要将运输的要求交代清楚，约好接货时间和地点，接货人应提前到达，及时接货。③疫苗运输过程中时间越短越好，中途不得停留存放，应及时运往猪场放入冰箱，防止冷链中断。

4. 疫苗的保管

①保管员接到疫苗后要清点数量，逐瓶检查疫苗瓶有无破损，瓶盖有无松动，标签是否完整，并记录生产厂家、批准文号、检验号、生产日期、失效日期、药品的物理性状与说明书是否相符等，避免购入伪劣产品。②仔细查看说明书，严格按说明书的要求贮存。③定时清理冰箱的冰块和过期的疫苗，冰箱要保持清洁和存放有序。④如遇停电，应在停电前一天准备好冰袋，以备停电用，停电时尽量少开箱门。

5. 疫苗使用前注意事项

①疫苗使用前要逐瓶检查疫苗瓶有无破损，封口是否严密，

头份是否记载清楚，物理性状是否与说明书相符，以及有效期、生产厂家。②疫苗接种前应向兽医和饲养员了解猪群的健康状况，有病、体弱、食欲和体温异常的猪，暂时不能接种。不能接种的猪，要记录清楚，适当时机补种。③免疫接种前对注射器、针头、镊子等进行清洗和煮沸消毒，备足酒精棉球或碘酊棉球，准备好稀释液、记录本和肾上腺素等抗过敏药物。④接种疫苗前后，尽可能避免一些剧烈操作，如转群、采血等，防止猪群应激影响免疫效果。

五、免疫接种程序

1. 疫苗稀释

（1）对于冷冻贮藏的疫苗，如猪瘟苗稀释用的生理盐水，必须提前至少 1d 放置在冰箱冷藏，或稀释时将疫苗同稀释液一起放置在室温中停置数分钟，避免稀释时两者的温差太大。

（2）稀释前先将疫苗瓶口的胶蜡除去，并用酒精棉消毒晾干。

（3）用注射器取适量的稀释液插入疫苗瓶中，无需推压，检查瓶内是否真空（真空疫苗瓶能自动吸取稀释液），失真空的疫苗应废弃。

（4）根据免疫剂量，根据免疫头数和免疫人员的工作能力来决定疫苗的稀释量和稀释次数，做到现配现用，稀释后的疫苗在 1~3h 内用完。

（5）不能用凉开水稀释疫苗，必须用生理盐水或专用稀释液稀释。稀释后的疫苗，放在有冰袋的保温瓶中，并在规定的时间内用完，防止长时间暴露于室温中。

2. 免疫接种具体操作要求

（1）接种时间应安排在猪群喂料前空腹时进行，高温季节应在早晚注射。

（2）液体苗使用前应充分摇匀，每次吸苗前再充分振摇。冻干苗加稀释液后应轻轻摇匀。

（3）吸苗时可用煮沸消毒过的针头插在瓶塞上，裹以挤干的酒精棉球专供吸药用。吸入针管的疫苗不能再回注瓶内，也不能随便排放。

（4）要根据猪的大小和注射剂量多少，选用相应的针管和针头。针管可用 10mL 或 20mL 的金属注射器或连续注射器，针头可用 38~44mm 12 号的；新生仔猪猪瘟超免可用 2mL 或 5mL 的注射器，针头长为 20mm 的 9 号针头。

（5）注射时要适当保定，保育舍、育肥舍的猪，可用焊接的铁栏挡在墙角处等相对稳定后再注射。哺乳仔猪和保育仔猪抓逮时，要注意轻抓轻放。避免过分驱赶，以减缓应激。

（6）注射部位要准确。肌内注射部位，有颈部、臀部和后腿内侧等几处供选择，皮下注射在耳后或股内侧皮下疏松结缔组织部位。避免注射到脂肪组织内。交巢穴和胸腔注射的更需摸准部位。

（7）注射前术部要用挤干的酒精棉或碘酊棉消毒，进针的深度、角度应适宜。注射完拔出针头，消毒轻压术部，防止术部发炎形成脓疱。

（8）注射时要一猪一个针头，要一猪一标记，以免漏注。

（9）注射时动作要快捷、熟练，做到"稳、准、足"，避免飞针、针折、苗洒。苗量不足的立即补注。

（10）给怀孕母猪注射时操作要小心谨慎，产前 15d 内和怀孕前期尽量减少使用各种疫苗。

（11）疫苗不得混用（标记允许混用的除外），一般两种疫苗接种时间至少间隔 5~7d。

3. 疫苗使用前后的用药问题

①免疫前的 3~5d 可以使用抗应激药物、免疫增强保护剂，以提高免疫效果。②在使用活病毒苗时，用苗前后严禁使用抗病毒药物，用活菌苗时防疫前后 10d 内不能使用抗生素、磺胺类等抗菌、抑菌药物及激素类。

4. 免疫接种以后注意事项

(1) 及时认真填写免疫接种记录,包括疫苗名称、免疫日期、舍别、猪别、日龄、免疫头数、免疫剂量、疫苗性质、生产厂家、有效期、批号、接种人等。每批疫苗最好存放 1~2 瓶,以备出现问题时查询。

(2) 失效、作废的疫苗,用过的疫苗瓶,稀释后的剩余疫苗等,必须妥善处理。处理方式包括用消毒剂浸泡、煮沸、烧毁、深埋等。

(3) 有的疫苗接种后能引起过敏反应,需详细观察 1~2d,尤其接种后 2h 内更应严密监视,遇有过敏反应的猪注射肾上腺素或地塞米松等抗过敏解救药。

(4) 有的猪对疫苗应激反应较大,表现采食量降低,甚至不吃或体温升高,应饮用电解质水或口服补液盐或熬制的中药液。尤其是保育舍仔猪免疫接种后采取以上措施能减缓应激。

(5) 接种疫苗后,活苗经 7~14d,灭活苗 14~21d 才能使机体获得免疫保护,这期间要加强饲养管理,尽量减少应激因素,加强环境控制,防止饲料霉变,做好清洁卫生,避免强毒感染。

(6) 如果发生严重反应或怀疑疫苗有问题而引起死亡,尽快向生产厂家反映或冷藏包装同批次的制品 2 瓶寄回厂家,以便找查原因。

5. 疫苗接种效果的检测

(1) 一个季度抽血分离血清进行一次抗体检测,当抗体水平合格率达不到时应补注一次,并检查其原因。

(2) 疫苗的进货渠道应当稳定,但因特殊情况需要换用新厂家的某种疫苗时,在注射疫苗后 30d 即进行抗体检测,抗体水平合格率达不到时,则不能使用该疫苗。改用其他厂家的疫苗进行补注。

(3) 注重在生产实践中考查疫苗的效果。如长期未见初产母猪流产，说明细小病毒病疫苗的效果尚可。

第二节 猪瘟免疫要点

猪瘟，一种常见疾病。世界动物卫生组织（OIE）将其列为A类16种法定传染病之一，我国将之列为一类动物传染病，是强制预防接种的病种。尽管有高致病性蓝耳病肆虐，但目前在我国猪瘟仍是"第一杀手"。

猪场年年做防疫，但猪瘟时有发生，在我国很难找到一个没有猪瘟的地区。究其原因，其中重要的是因为在防疫细节方面出了漏洞。众所周知，疫苗的免疫效果由以下因素决定：疫苗的抗原量、真空度、低温运输和冷藏贮存、免疫程序和免疫剂量、接种操作等。为防控好猪瘟，在猪瘟免疫方面要做到"十要"与"十不要"。

一、建议使用猪瘟兔化弱毒单苗

猪瘟疫苗包括猪瘟兔化弱毒犊牛睾丸细胞苗——猪瘟活疫苗（Ⅱ）和猪瘟兔化弱毒脾淋组织苗（Ⅰ），不要使用猪瘟-猪丹毒-猪肺疫"三联苗"预防猪瘟。当前的猪瘟"三联苗"已无法提供足够的保护力。

（1）"三联苗"中含有"吐温-80"成分，能干扰猪瘟疫苗的免疫，致使免疫效果不确实。

（2）现在很少发生猪丹毒，没有必要用"三联苗"。

（3）现在猪肺疫多为A型，三联苗中的猪肺疫主要是防B型，不能对症。

（4）"三联苗"用于断奶仔猪，现多采用20~25日龄及60~65日龄两次免疫程序，三联苗不宜用于未断奶仔猪。重中之重是用猪瘟单苗防好猪瘟，在怀疑有猪肺疫的猪场，可用巴氏杆菌A型及B型单苗联用，且应与猪瘟单苗免疫间隔7d后使用。另外，对猪瘟单苗的选择也有讲究，最好能选用两个不同知名品牌的产品，不怕一万就怕万一，一旦某一产品出问题，还有另一家合格产品支撑，这叫"双保险"。

二、要严格按说明书使用

要认真阅读疫苗使用说明书，掌握兽用生物制品一般常识及使用注意事项，严格按照说明书使用。对注意事项要逐项落实，如：①预防注射过程要严格消毒，注射器及针头应洗净，煮沸消毒 15min 以上；不得用同一注射器混注多种疫苗。②注苗后 15min 内，要认真观察猪只是否出现异常，如发生过敏性休克，立即用肾上腺素或地塞米松抢救。③不要同时使用两种或两种以上的病毒活疫苗，尤其是伪狂犬病弱毒苗不能与猪瘟活疫苗同时注射，防止免疫干扰；两种病毒苗最好间隔 7d 以上。④为提高免疫效果，可口服或肌内注射亚硒酸钠维生素 E 或左旋咪唑等免疫增强剂。⑤要做到只给健康猪免疫，不给发热、减食、呼吸困难、腹泻等病猪免疫，可等到治愈后补苗。⑥要严格按照兽医卫生和免疫操作规程进行注射。注射部位要选准，要严格消毒。⑦棉球干湿度要适中，擦湿即可，不要太湿，防止高浓度碘酊渗透或带进针孔，使部分弱毒疫苗灭活等，对上述要求和注意事项要牢牢记住，不可有丝毫马虎。

三、免疫剂量要适宜

免疫剂量要适中，疫情严重的猪场可适当加大剂量。免疫剂量不足是免疫失败的主要原因，产生的低水平抗体不能有效清除感染的野毒。这部分猪感染强毒后常引起亚临床感染。一些厂家生产的细胞苗（Ⅱ）使用说明书上仍然是大小猪均一头份，笔者认为是不妥的，计量太小不能防止亚临床感染。目前多数规模猪场都注重母猪免疫，在母猪有充足的母源抗体情况下，为防止母源抗体的干扰，未断奶仔猪或早期断奶仔猪可注射 4 头份，断奶仔猪可注射 3~4 头份，种公猪和老母猪可注射 4~5 头份，计量不是越大越好，种公猪和老母猪一般不要超过 8 头份。要选好针头型号，不要太粗或太短。仔猪可选用 9 号，中等大小的猪可用 12 号，体重大的公猪和母猪可用 16 号针头。

注射部位可选在耳根部、臀部或股部。

四、猪瘟疫苗稀释

配有稀释液的疫苗；要用稀释液稀释疫苗；说明书注明用生理盐水稀释疫苗，必须用生理盐水，不得用蒸馏水、凉开水稀释疫苗。

五、猪瘟疫苗用前检查

真空包装的疫苗检查是否失真空，包装瓶是否破裂，瓶盖有无松动，有效期等。

六、猪瘟疫苗运输与冷藏保存

要加强疫苗管理，在低温条件下运输、保存和使用疫苗。猪瘟疫苗要求严格的冷链管理，出厂的疫苗必须放在装有冰块的冷藏容器内，在8℃以下的冷藏条件下运输，严防日晒和高温。各单位收到疫苗之后应立即冷藏保存。如保存环境超过8℃而在25℃以下时，应在10日内用完；使用单位所在地的气温在25℃以上时，无冷藏条件，应采用冰瓶领取疫苗，随购随用。目前的冷链运输系统不完善，猪瘟疫苗从出厂到猪场，多次倒手、装卸、转运，往往严重影响疫苗质量，影响疫苗使用的有效期。建议除猪场接到疫苗放置在-15℃保存外，应在出厂注明的失效期提前4个月安排使用，不使用接近失效期的疫苗。

保存疫苗的冰箱或冰柜，要专用，不得与其他物品混用，以免反复掀取、反复融冻，影响疫苗质量和效价。为防止停电时冰箱内容物融化，可在冰箱内冻一些冰块，停电时用以延长冰箱内低温时间。

七、猪瘟疫苗的预处理

疫苗取出后在室温下放置3~5min再稀释使用；或前一天将疫苗放在2~8℃的保鲜室平衡一下温度，第二天再稀释使用。在稀释疫苗时，力求疫苗的温度和稀释液的温度接近。注射时药液以20~30℃为宜。

八、要一猪一针头，防止潜伏期病毒传播

为防止猪瘟在猪群中人为传播，必须一头猪换一个针头。

九、猪瘟疫苗要随用随稀释

猪瘟活疫苗（Ⅱ）稀释后降解速度很快，温度在15℃以下或冷藏条件下必须在6h内用完；如温度在15~27℃，则应在3h内用完，否则疫苗将失效。夏季可将稀释好的疫苗放在装有冰块的广口保温瓶内，能延长使用时间。此外，用过的废弃疫苗和注射器等应进行消毒和无害化处理，可将剩余疫苗倒入3%火碱溶液中或将空瓶深埋，不得随意抛弃。

十、要根据本场的实际情况制定合理、个性化免疫程序

免疫程序的关键是排除母源抗体干扰，确定合适的首免日龄。由于母源抗体的干扰，仔猪注射疫苗后并不能产生有效的免疫力，此时感染野毒可发生免疫失败。据门常平等报道，在配种前免疫接种的母猪所产仔猪血液中母源抗体的中和效价，3~5日龄时为（1∶128）~（1∶64），母源抗体的半衰期约10d，仔猪20日龄前可得到母源抗体的保护，25日龄后保护力逐步下降，到40日龄已完全丧失对强毒的抵抗力，45日龄前后母源抗体效价已降至（1∶8）~（1~4）。据郑自才对猪瘟免疫程序的研究，用750个兔体感染量（5头份）免疫空怀母猪，其所产仔猪血清中母源抗体30日龄保护力仅37.93%。仔猪猪瘟疫苗的首免日期，最好选在仔猪原有的母源抗体不会影响疫苗的免疫效果而又能防御病毒感染的期间，即母源抗体为（1∶64）~（1∶8）时。因此，有条件的猪场可进行母源抗体检测，确定最佳首免日龄。一些无条件检测的猪场，可采用25日龄（4头份）和65日龄（3~4头份）两次免疫的方法。母猪的免疫应选在哺乳后期或断奶时，后备公、母猪应在配种前半个月至一个月免疫一次，种公猪每年两次免疫，经产母猪可于断奶时免疫一次，剂量均为4~6头份（猪瘟细胞苗）。

要强调的是，不注射猪瘟疫苗是不行的，注射疫苗的保护率也不是百分之百，防控好猪瘟是个系统工程，要采取综合防控措施，做好疫苗免疫注射只是其中一环。要加强消毒和兽医卫生工作，加强生物安全和饲养管理，提高猪体抗病力；要改善生态环境，控制好蓝耳病、猪圆环病毒病等免疫抑制性疾病；结合猪瘟抗原检测，淘汰猪瘟带毒和抗体水平低的种猪，把猪瘟防控工作做实、做细、做到位。

十一、非洲猪瘟的防疫要点

非洲猪瘟是由非洲猪瘟病毒引起的一种急性、烈性高度接触性传染病，严重危害着全球养猪业。我国将非洲猪瘟列为一类动物疫病，是烈性外来疫病，其强毒力毒株对生猪致病率高，致死率100%。

非洲猪瘟目前尚无有效疫苗，只能采取扑杀净化措施。

非洲猪瘟症状与常见猪瘟相似，如果免疫过猪瘟疫苗的猪出现无症状突然死亡异常增多，或大量生猪出现步态僵直、呼吸困难、腹泻或便秘、粪便带血、关节肿胀、局部皮肤溃疡、坏死等症状，可怀疑为非洲猪瘟。

猪场要落实防疫主体责任，加强动物防疫条件建设，建立健全并执行动物防疫制度，强化生物安全管理，提高生物安全水平，切实做好非洲猪瘟防控工作。

（1）设施设备配备。场区入口处配置消毒设备，配备疫苗冷冻（冷藏）设备、消毒和诊疗等防疫设备兽医室，或者有兽医机构为其提供相应服务。有与生产规模相适应的无害化处理、污水污物处理设施设备。有相对独立的引入动物隔离舍和患病动物隔离舍。应在生产区门口、猪只周转区、饲料库、圈舍内、主要通道等关键部位安装视频监控设备，并与监管部门实现网络对接，实时传输数据。

（2）种群管理。坚持自繁自养原则，采用"全进全出""多点式"饲养方式。引种猪群必须隔离至少45d，隔离舍要距离内部猪舍至少 300m，专人饲养，做好猪群记录和观察，定期消毒，并对隔离猪群进行采血检测。混群前将 1 头本场猪放入引种猪群里；饲养观察 2 周后，如猪群无异常，方可混群饲养。

（3）饲料控制。制定原料收购和采购标准，禁止从疫区购买玉米等饲料原料；避免饲料中添加猪源性饲料添加剂，特别是乳猪料，并掌握购进的饲料是否含有猪源性饲料添加剂。禁止饲喂餐厨剩余物，场内运输饲料的车辆只做内部运输车，严禁到场外拉货；并不得与生猪接触。

（4）车辆控制。对进出的运输车辆进行检查、登记，保证车辆清洁干净。进入场区的外来车辆，必须经过戊二醛类或者碱类消毒液的消毒处理。出猪前要在远离养殖区 1km 处进行检查，合格的车辆方可交接装猪；不合格的拉猪车辆禁止交接，需要重新冲洗、消毒合格后方可交接。出猪时禁止收猪人员靠近车辆。

（5）消毒措施。严格执行消毒制度，生活区每月彻底清理、清洗、消毒一次，猪舍周边环境每周彻底清理、清洗、消毒一次，猪舍内每周至少消毒两次。猪场在大门口设喷雾消毒室、紫外光消毒室和消毒池。做好进出人员消毒，加强对生猪交送人员的进厂消毒，在生猪车辆进出门口、人员通道处增加脚踏消毒垫、酒精消毒喷壶。对金属设施设备，可采取火焰、熏蒸和冲洗等方式消毒。对圈舍、车辆、贮藏等场所，可采用消毒液清洗、喷洒等方式消毒。对衣、帽、鞋等可能被污染的物品，可采取消毒液浸泡、高压灭菌等方式消毒。

（6）无害化处理。严格做好病死猪、污水污物的无害化处理。

对粪便、尸体和污水等废弃物的处置应符合《畜禽规模养殖污染防治条例》（国务院令第 643 号）、《病死及病害动物无害化处理技术规范》（农医发〔2017〕25 号）等相关规定。猪场应当根据养殖规模和污染防治需要，建设相应的粪便、污水与雨水分流设施，粪便、污水的贮存设施和无害化处理设施，也可委托第三方对养殖废弃物代为综合利用和无害化处理。

（7）疫苗接种。疫苗接种可提高生猪的抗病能力，降低疫病感染和发生风险。要认真落实重大动物疫病强制免疫制度，科学制定免疫程序，规范免疫技术操作，严格做到一猪一换针头，严禁"一针打到底"。

（8）档案管理。建立免疫、用药、检疫申报、疫情报告、消毒、无害化处理、畜禽标识等养殖档案，保证场内猪只、原物料可追溯。设置养殖档案专卷专柜并专人管理，及时收集、汇总、保管生产和防疫记录，并按类别、时间等归类装订成册。接受兽医部门监督检查时，应主动提供完整的养殖档案资料，配合做好相关工作。

第三节　猪场寄生虫病的防控

寄生虫以其难以置信的生存、感染、繁殖能力及对环境的顽强抵抗力，成为影响猪场效益的一个重要因素。中小型养猪场（户）其猪场寄生虫感染非常严重，在驱虫模式和驱虫药物的选择上也比较混乱。工厂化猪场的猪群，在封闭和良好的饲养管理条件下生活，虽然较少与中间宿主接触，减少了感染寄生虫的机会，但由于饲养密度大、猪群周转频繁以及引种等因素的影响，寄生虫病的危害仍然存在，特别是在高温高湿的环境条件下，表现更为明显，经济损失也很巨大。

一、寄生虫的危害特点与防控思路

（一）寄生虫的危害特点

猪场常见寄生虫主要包括猪蛔虫、毛首线虫（鞭虫）、食道口线虫（结节虫）、猪球虫、结肠小袋纤毛虫、猪疥螨等，其危害如下。

1. 猪蛔虫

寄生于猪的小肠，是猪体内的一种大型线虫。轻度感染时，猪蛔虫阻塞消化道，影响消化吸收功能，造成的经济损失约

15.55 元/头；中度感染时，猪蛔虫与猪争夺营养，猪料肉比增加，造成的经济损失约 26.00 元/头；重度感染时，幼虫移行，引起乳斑肝和肺炎，造成经济损失约 45.04 元/头。

2. 毛首线虫

又称鞭虫，寄生于猪大肠（主要是盲肠）。轻度感染时，毛首线虫破坏肠黏膜，妨碍营养吸收，造成的经济损失约 11.66 元/头；中度感染时，引起腹泻、血病等症状，经济损失约 34.91 元/头；重度感染时，导致营养成分丢失，经济损失达 111.46 元/头。

3. 食道口线虫

又称结节虫，寄生于猪的结肠内。轻度感染时，破坏肠黏膜及肠壁，妨碍营养吸收，经济损失约 10.13 元/头；中度感染时，引起腹泻症状，经济损失 16.93 元/头；重度感染时，导致营养成分丢失，经济损失为 28.89 元/头。

4. 猪球虫

主要寄生于猪空肠和回肠，导致肠上皮细胞坏死、脱落，肠黏膜上常有异物覆盖。病猪排黄色或灰色粪便，恶臭，初为黏性，1~2d 后排水样粪便，腹泻可持续 4~8d，导致仔猪脱水、失重，在伴有传染性肠炎、大肠杆菌和轮状病毒感染的情况下往往造成仔猪死亡。即使存活，仔猪的生长发育也会受阻。

5. 弓形虫

一种重要的人兽共患寄生虫病，可感染包括人在内的 200 多种动物，其中以猪的感染率最高，是本病的主要传染源。集约化猪场中大规模暴发流行已较少见，感染猪没有明显临床症状，可导致怀孕母猪流产或产出死胎。偶有地方性暴发流行，病猪初期便秘，排干粪球，粪便表面覆盖有黏液，有的病猪后期下痢，排水样或黏液性或脓性恶臭粪便。体表淋巴结，尤其是腹股沟淋巴结明显肿大，耳、鼻、蹄与胸腹下部出现瘀血斑或有较大面积的发绀。病重者于发病 1 周左右死亡。

6. 结肠小袋纤毛虫

一种常在的条件性致病寄生虫，在一般情况下为共生者，以肠内容物为食，对肠黏膜并无损害，猪只无任何临床表现，生长发育正常。但是，如果猪的消化功能紊乱或因种种原因肠黏膜有损伤时，结肠小袋纤毛虫可趁机侵入肠壁，破坏肠壁组织，形成溃疡。

7. 猪疥螨

疥螨寄生于猪皮肤上，破坏猪皮肤屏障；猪擦痒磨损皮肤，增加感染机会；患猪烦躁不安，影响休息与增重；降低饲料报酬，增加饲养成本。疥螨病灶通常起始于眼周、颊部、臀部及耳部，以后蔓延到背部、躯干两侧、后肢及全身。病猪食欲减退，生长缓慢，逐渐消瘦，甚至死亡。猪疥螨感染母猪年损失800 元/头；染病肉猪日增重降低 9.2%～12.5%，屠宰时体重减少 5.79kg/头，饲养天数平均增加 8.6d。

（二）寄生虫感染特点

寄生虫对各阶段猪群的感染程度不尽相同，其表现特点为：

①不同阶段猪群的寄生虫感染率从高到低的排列顺序是种公猪、种母猪、育肥猪、生长猪、保育猪。因此，种猪是猪场最主要的带虫者，是散播寄生虫的源头，是猪场控制寄生虫病的关键环节。②各类寄生虫感染率的高低排列顺序以结肠小袋纤毛虫和猪球虫的感染率最高，其次是猪蛔虫和毛首线虫，食道口线虫的感染率较低。③猪场寄生虫存在较严重的混合感染现象。

二、驱虫药物的选择

凡能将肠道寄生虫杀死或驱除体外的药物，均称为驱虫药物。服用驱虫药物可麻痹或杀死虫体，使寄生虫排出体外。集约化猪场在确定了驱虫模式后，应根据寄生虫种类，科学选择驱虫药以达到彻底控制寄生虫病的目的。

（一）有机磷酸酯类驱虫药

用作驱虫的低毒有机磷化合物主要有敌百虫、敌敌畏、哈罗松、萘肽磷、蝇毒磷等，其中以敌百虫在猪场的应用最广。

1. 驱虫机理

敌百虫驱虫谱广，能与虫体内胆碱酯酶结合导致乙酰胆碱蓄积，从而使虫体肌肉先兴奋、痉挛，后麻痹直至死亡。

2. 使用效果

敌百虫按每千克体重 80~100mg 给猪口服用药，对猪蛔虫、毛首线虫和食道口线虫均有较好的驱除作用；敌百虫按 1% 浓度对猪的体表喷洒用药，对猪疥螨有一定杀灭作用，但效果不够彻底；敌百虫对猪球虫等原虫类寄生虫无效。

3. 使用注意事项

（1）因其毒性大，不要随意加大剂量。

（2）其水溶液应现配现用，禁止与碱性药物或碱性水质配合使用。

（3）用药前后，禁用胆碱酯酶抑制药（如新斯的明、毒扁豆碱）、有机磷杀虫剂及肌松药（如琥珀胆碱），否则毒性大大增强。

（4）怀孕母猪及胃肠炎患猪禁用。

（5）休药期不得少于 7d。

（二）咪唑并噻唑类驱虫药

主要有左旋咪唑和噻咪唑，其中以左旋咪唑在猪场应用最广泛，属广谱、高效、低毒驱线虫药。

1. 驱虫机理

（1）抑制虫体肌肉延胡索酸还原酶的活性，阻断延胡索酸还原为琥珀酸，虫体糖代谢中止，肌肉 ATP 减少，导致虫体肌肉麻痹。

（2）与虫体接触后，使处于静息状态的神经肌肉去极化，引起肌肉持续收缩而导致虫体麻痹。

2. 使用效果

左旋咪唑有片剂、针剂和透皮剂等多种剂型。驱蛔虫效果极佳，对食道口线虫效果良好，对毛首线虫效果不稳定，对猪疥螨和原虫类寄生虫完全无效。

3. 使用注意事项

（1）左旋咪唑可引起肝功能变化，肝病患猪禁用。

（2）本品中毒症状似胆碱酯酶抑制剂，阿托品可解除中毒时的 M-胆碱样症状。

（3）肌内注射或皮下注射时，对组织有较强的刺激性。

（4）内服给药的休药期不得少于 3d，注射给药的休药期不得少于 7d。

（三）苯丙咪唑类驱虫

主要有阿苯达唑、尼妥必敏、噻苯达、甲苯达唑、芬苯达唑、奥芬达唑、丙氧苯达唑、氟苯达唑、三氯苯达唑等，其中阿苯达唑是临床使用最广的广谱、高效、低毒驱虫药。

1. 驱虫机理

用于干扰虫体的能量代谢。抑制虫体延胡索酸还原酶的活性，阻断 ATP 的产生，导致虫体肌肉麻痹而死亡；抑制虫体对葡萄糖的利用，导致 ATP 缺乏而产生驱虫作用。

2. 使用效果

阿苯达唑内服对常见的线虫、吸虫和绦虫均有驱除效果。猪每千克体重内服 5~10mg 阿苯达唑后，对猪蛔虫、食道口线虫、毛首线虫等有良好的驱虫效力，但对猪疥螨和原虫类无效。

3. 使用注意事项

有致畸作用，切忌大剂量连续使用休药期不得少于 14d。

（四）大环内酯类驱虫药

主要包括阿维菌素、伊维菌素、多拉菌素、埃普利诺菌素等阿维菌素类和摩西菌素、杀线虫菌素、杀螨菌素 D 等杀螨菌素。目前应用最广泛的是伊维菌素，为高效、广谱的驱肠道线虫药，对体外寄生虫也有杀灭作用，但没有驱除吸虫和绦虫的作用。

1. 驱虫机理

阿维菌素能在线虫的神经元及节肢动物的肌肉内增加抑制神经递质氨基丁酸（GABA）的释放，GABA 能作用于突触前神经末梢，减少兴奋性递质释放，从而引起抑制，直至虫体麻痹死亡。由于吸虫和绦虫不利用 GABA 作为周围神经递质，因而对其没有作用。

2. 使用效果

猪按每千克体重 0.3mg 皮下注射或按每千克饲料添加 20mg 内服伊维菌素，对猪蛔虫、食道口线虫、疥螨等有极佳的驱除效果，对毛首线虫有部分驱虫效果，但对猪球虫等原虫类寄生虫无效。

3. 使用注意事项

皮下注射有局部刺激作用，皮下注射休药期不少于 28d，混饲给药休药期不少于 5d。

（五）复方类驱虫药

目前，市面上出现了一类以伊维菌素与阿苯达唑或芬苯达唑等药物为主，辅以广谱驱虫增效剂的复方预混剂类驱虫药物。主要包括"虫力黑""肯维灭"等。

1. 驱虫机理

该驱虫药物一方面具有苯丙咪唑类衍生物（阿苯达唑、芬苯达唑等）在体内迅速代谢为亚石砜、砜醇和 2-胺砜醇，对肠道线虫选择性及不可逆性地抑制寄生虫肠壁细胞胞质微管系统的聚合，阻断其对多种营养和葡萄糖的摄取吸收，导致虫体内源性糖原耗竭，并抑制延胡索酸还原酶系统，阻止三磷酸腺苷的产生，致使虫体无法生存和繁殖；另外，具有阿维菌素、伊维菌素、多拉菌素等大环内酯类驱虫药物刺激节肢动物和线虫的一种神经传导递质——γ-氨基丁酸的释放，使寄生虫麻痹。

2. 驱虫效果

该复方驱虫药物除能对猪场的各种常见寄生虫起到双重杀灭作用外，还拓宽了驱虫谱及抗寄生虫范围，尤其是提高了对猪蛔虫和毛首线虫早期幼虫的驱虫效果，对当前集约化猪场普遍存在，而常用驱虫药（如阿维菌素、伊维菌素、左旋咪唑等）又难以驱除的鞭虫和球虫等有特效。因此，该类复方驱虫药物能较全面、彻底地驱除猪场中各种常见寄生虫，是目前集约化猪场首选的驱虫药物。

该类复方预混剂驱虫药物如在猪场配套使用"四加一"驱虫模式，通过拌料给药，操作简便，劳动强度小，效果尤为明显，其用药方案如下（以虫力黑为例）。

（1）种母猪、种公猪。每季度驱虫一次（即一年4次），每次用药拌料连喂7d（公猪、哺乳母猪按450mg/kg添加；空怀母猪、怀孕母猪按700mg/kg添加）。

（2）后备公母猪。转入种猪舍前驱虫一次，拌料用药连喂7d（按700mg/kg添加）。

（3）初生仔猪。在保育阶段50~60日龄驱虫一次，拌料用药连喂7d（按350mg/kg添加）。

（4）引进猪。并群前驱虫一次，每次拌料用药连喂7d（按700mg/kg添加）。

（5）每年春季及入冬前全场用灭虫净喷雾杀螨灭蛆各一次。

虫力黑对猪非常安全，可用于包括怀孕母猪，甚至重胎临产母猪在内的各阶段猪只。

3. 使用注意事项

（1）因该类复方药物在饲料中添加量少，混料给药时须充分搅拌均匀。

（2）休药期不得少于14d。

第四节　主要猪病及其控制

一、几种主要传染病的特点

1. 猪瘟

在规模化猪场基本无生长猪和种猪的发病病例，但在部分猪场种猪的亚临床感染依然存在。有持续感染和潜伏感染两种，前者表现在母猪繁殖障碍和 2 周龄内仔猪发病死亡，后者主要是保育猪发病死亡。持续感染母猪抗体水平低或测不到抗体，潜伏感染种猪猪瘟抗体水平偏高（2 个滴度以上）。

2. 猪繁殖与呼吸障碍综合征

由猪繁殖与呼吸障碍综合征病毒引起，主要传播方式是引种排毒，经口鼻分泌物、粪尿排毒和感染公猪的精液排毒，空气传播可能性极小。

主要症状：母猪体温升高，精神沉郁，厌食呕吐，随之流产、早产（脐带肿大、出血，胎衣难以剥离，是该病特征性症状）、死产及产出弱仔，也有双耳及外阴发生紫绀。公猪无症状，幼猪呼吸困难，肺呈橡皮样。

3. 流行性腹泻

从 2010 年年底开始，很多猪场发生仔猪腹泻，流行面广，呈暴发流行。至 2012 年疫情继续蔓延，2013 年有所收敛，但危害仍然很大，大多发生于 3~10 日龄哺乳仔猪，出现水样腹泻，抗生素治疗无效。发病猪死亡率高达 80%~100%。其他阶段的猪也有发病，但较轻。主要由流行性腹泻病毒引发。

对策：①母猪注射流行性腹泻灭活苗，为仔猪提供母源抗体。②保持产房干燥、卫生，提高舍温。③做好生物安全措施，产房全进全出。④母猪进产房要进行猪体消毒，延长产房空栏时间。⑤母猪产前 7d 给予药物保健，除适宜的抗生素外，可增加氨基酸和多种维生素。

4. 断奶仔猪多系统衰竭综合征

由圆环病毒 2 型引起，但是单纯的圆环病毒 2 型只能引起轻微病症，如与蓝耳病毒、细小病毒共同感染或环境劣变、免疫刺激、运输转群等应激时，出现严重病症。主要发生于 6 ~ 14 周龄仔猪，也有 10 ~ 20 周龄猪发病的。

症状：仔猪生长不良，进行性消瘦，发热，咳嗽，呼吸困难，腹泻，可视黏膜苍白，黄疸，腹股沟淋巴结肿大明显。

5. 猪皮炎和肾病综合征

由圆环病毒 2 型引起。猪肺疫、猪繁殖与呼吸综合征、细小病毒病等可诱发。

症状：主要发生于 12 ~ 22 周龄猪。病猪发热、厌食、跛行。皮肤红色或紫色，中央为黑色的病灶，并融合成条状或斑状（阴部和阴囊部多发）。常伴有关节肿胀，淋巴结肿大，肾肿大、苍白。

6. 初生仔猪先天性震颤

现已研究证明由圆环病毒 2 型与 1 型引起，多发生在初产母猪所产仔猪。一般发病率 1% ~ 3%，但也有高达 20% 的。若人工辅助哺乳，死亡率比较低，用掺有健康淘汰老母猪血清的脱脂牛奶喂病猪效果较好。

7. 猪呼吸道综合征

（1）原发病原。猪流感病毒、猪繁殖与呼吸综合征病毒、圆环病毒 2 型、伪狂犬病毒、呼吸道冠状病毒和猪胸膜肺炎放线杆菌、支气管败血波氏杆菌、肺炎支原体、附红细胞体等，最常分离到的有猪繁殖与呼吸综合征病毒、肺炎支原体、猪流感病毒 3 种病原，其中肺炎支原体是主因（破坏呼吸道屏障）。

（2）继发病原。链球菌、副猪嗜血杆菌、多杀性巴氏杆菌、猪附红细胞体。

（3）非病原性因素。饲养密度大、空气污浊、温差大、湿度高、通风不良、转群和混群等应激，营养状况差，过多滥用疫苗导致群体免疫水平不一致，霉菌毒素等引起猪免疫力下降。

症状：5~12 周龄猪多发，13~20 周龄猪也有发生。发病率 25%~60%，病死率 5%~50%，猪越小病死率越高。病猪精神沉郁，无食欲，呼吸极度困难，咳嗽，流鼻涕。表现为肺炎，肺门淋巴结肿大，肺出血、硬变，呈地方性流行。

二、防控措施

1. 口蹄疫

选用高效优质疫苗，种猪群每年 3~4 次免疫；仔猪 55~60 日龄首免，90~100 日龄二免。不稳定的猪场 130 日龄再免一次。

2. 猪瘟

种公猪一年 2 次，种母猪配种前 1 周，6~8 头份的猪瘟细胞苗（若使用猪瘟组织苗 1 头份即可）。仔猪 2 次免疫（25 和 60 日龄各 1 次）和 1 次免疫（50~60 日龄）两种方法，剂量为 3~4 头份。猪瘟感染压力大的猪场，仔猪实施 1 头份乳前免疫，但由于产程长，稀释的疫苗必须放在带冰块的保温杯内；60 日龄二免。

3. 猪繁殖与呼吸障碍综合征

该病暴发后是否会自然平息，需不需要防疫，近年来一直存在争议。从实际情况看，不防疫会出现问题，但是防疫后也不能保证不出问题。建议阳性场后备母猪和成年母猪配种前 1 个月免疫一次，仔猪 18~21 日龄免疫一次，10~18 周龄再接种一次。接种弱毒苗时，必须与猪瘟间隔 2 周以上，毒株与本场一致，否则毒株变异麻烦更大。阴性猪场不要接种。

严格的全进全出制度和净化猪舍是防控该病的有效措施，可将所有哺乳仔猪移至清净猪舍，空圈后彻底清扫消毒，最好用甲醛和过氧乙酸消毒，空圈后 2 周再进猪。

4. 猪呼吸道疾病综合征

重在预防，该病死亡率不高，但对猪场造成的损失非常大。

大群发病及时用药控制可收到一定效果。在饲料中添加替米考星、支原净、泰乐菌素、氟苯尼考、加康、阿莫西林等均能起到较好的预防效果。据试验，按每吨料 500g 添加呼圆康控制呼吸道综合征效果好于以上药物，成本也比较低。如果该病暴发，加倍量添加有很好的治疗效果。

5. 断奶仔猪多系统衰竭综合征、猪皮炎和肾病综合征、初生仔猪先天性震颤

均由圆环病毒 2 型引起。控制发病的方法：①对共同感染源（猪繁殖与呼吸障碍综合征病毒、猪流感病毒、伪狂犬病毒、猪瘟病毒等）做好主动免疫和被动免疫。②杜绝饲养管理中的一切应激因素，例如，供应营养全价、无霉变的高档仔猪料，提供温暖、干燥、空气清新的环境，断奶时不要注射疫苗、去势、转群、并群，以免引起应激，在饲料中添加抗应激药物等。圆环病毒疫苗防疫有一定效果。

6. 附红细胞体病

通过近几年的研究报道，国外学者将附红细胞体分类为嗜血支原体，靠镜检染色诊断不能作为依据，应用 DNA 基因扩增诊断。一般猪都带有附红细胞体，无蓝耳病存在时一般不发病。

急性附红细胞体病症状：皮肤发红，母猪阴部红，脾脏有颗粒性凸起。慢性附红细胞体病腹部有出血点。毛孔出血是由猪瘟或附红细胞体引起。附红细胞体病可用治疗来诊断，贝尼尔、长效土霉素有效，注射牲血素可以加快病猪的康复。饲料中添加土霉素、五体通治可以预防本病。

7. 链球菌病

由于猪繁殖与呼吸障碍综合征病毒的存在，链球菌发病呈现上升和加重的趋势。应用疫苗有一定效果，也可在饲料中阶段性添加阿莫西林等药物进行控制。

第八章　生态安全猪肉的生产与产品加工技术

第一节　肉品屠宰加工分类

一、热鲜肉

家畜大多在清晨宰杀（也有少数在黄昏宰杀），上午卖肉，这就是在广大农村长久以来食用的肉品。

健康活猪的体温一般在 38~39℃，在刺杀放血后，经一段时间开始死后僵直过程，在僵直时会产生热量，称为僵直热，因而屠体的体温会进一步升高，在放血后 1h 内，在猪的前肩和后腿中心部分的肉温会高达 41℃，然后才能慢慢地冷下来。细菌的生长条件是要有丰富的营养、足够的水分和适宜的温度，而刚刚屠宰后的热鲜肉，正是细菌繁殖生长最有利和酶类活性最适宜的环境。结果在炎热夏季上午 9 时前还未卖出去的肉（一般在凌晨 4 时前屠宰的肉，到上午 9 时已有 5 个多小时了），或在不卫生条件下屠宰的肉，已有了大量的细菌，如果在常温下放到下午，细菌就会达到不计其数的地步，不慎食用就有可能危害人们的健康。

二、冷冻肉

用冷冻（将肉冷冻到-18℃，并在该温度的冷库内保藏）的方法来保藏肉类已有很久的历史了，实践证明这是保藏肉类的好方法，它能较好地保持新鲜肉的色、香、味及其营养价值，在感观和质量变化方面也比热鲜肉变化小。

从细菌学观点来看，冷冻肉也比热鲜肉要好，因为冷冻过程中大量细菌会被冻死或抑制其生长繁殖，卫生上比较安全。但肌肉中的水分在冷冻时体积会增加 9%，细胞膜将被冻裂，然后在解冻时细胞中的汁液会渗漏出来，造成营养成分大量流失，假如解冻后没有及时食用，而又一次去冻结和解冻，则营养物质的流失会更严重，风味也会大大地下降。所以冷冻肉虽有较长的保存期，但并不是理想的保存方法。

三、冷却肉

冷却肉被认为是最好的鲜肉。冷却肉是活猪在屠宰加工后，马上进入冷却间冷却，最后肉温被保持在-2~5℃（肉的冷冻温度为-2.2℃），这一温度范围细菌不再繁殖，因而冷却肉有较长的货架期。同时，因为没有冻结，所以细胞内的汁液也不会流失，在低温下经过24h以上的冷却，使肉有了一个成熟过程。成熟的肉柔软多汁、滋味鲜美、气味芳香、容易咀嚼、便于消化、吸收利用率也高，因而冷却肉不但优于冷冻肉，也好于热鲜肉。世界上许多国家的市场上流通的生肉都是冷却肉。

第二节　冷却肉生产

改革开放后，中国的畜牧业得到了快速发展，为生产冷却肉准备了物质基础，屠宰、加工和贮藏设备的现代化为冷却肉的生产提供了必备条件，食品卫生法和动物防疫法的实施保证了冷却肉的正常生产。

冷却肉是指经专职动物检疫人员检验、证实健康无病的活猪，在国家批准的定点屠宰厂内进行屠宰后，将肉很快冷却下来，然后进行分割、剔骨、包装，并始终在低温下贮藏、运输，直到消费者的冷藏箱或厨房的肉。冷却肉的肉温始终保持在-2~5℃。

生产冷却肉用的猪从饲养开始直到屠宰加工、分割、包装、保藏和运输等，每一个环节都要符合卫生、安全的标准。

活猪进厂后都要经过政府指派的检疫人员检查，剔除病死猪只，屠宰过程中还要进行很多次的宰中和宰后检验，最后将屠宰后的白条肉进行冷却。冷却有许多方法，但主要是要使屠体（特别是后腿）的中心温度在 24h（或更短的时间）内降到7℃。大多数肉类加工厂将白条肉分部位分割、剔骨后的大包装销往市场。

在屠宰厂内，要求在室温 10~15℃ 的条件下进行分割、剔骨和真空包装，并进一步将肉冷却到 -2~5℃，并在 -2~5℃ 的条件下贮藏和运输。也就是说屠宰厂或批发市场中贮藏冷却肉的冷藏库、运输冷却肉用的冷藏车、肉站或超级市场里销售冷却肉用的冷藏柜和消费者买回家后暂存冷却肉的冷藏箱的温度，都应保持在 -2~5℃ 才行。

温度低于 -2℃ 则成了冻肉，而高于 5℃ 就不能称作冷却肉。因而消费者购买冷却肉后最好在短时间内将肉放入家中的冷藏箱里。

购买冷却肉时应注意其肉色正常，触感柔软，有弹性，有少许湿度，销售时冷藏柜的温度应在 -2~5℃。

由于冷却肉在风味、营养和口感等方面比冷冻肉、热鲜肉都好，也符合卫生、安全的原则，应当加强推广力度，满足广大人民的需要。

第三节　猪肉制品加工

一、农家腊肉

（一）工艺流程

选料→切块→漂洗→配料→腌制→烘烤或熏烤→冷却→包装。

（二）操作要点

1. 选料

选用卫生检验合格、皮薄肉嫩、新鲜猪肋条肉为原料，亦可选用其他部位的肉，但肥瘦比例一般在 5：5 或 4：6 左右。

2. 切块

剔除骨头，切去下端奶脯，切成宽 2~3cm、长 35~40cm 的肉条，将带皮肥膘的一端用刀穿一小孔，便于穿绳吊挂。

3. 漂洗

将肉条用温水漂洗干净，除去血污、表面浮油，沥干水分。

4. 配料

因地域风味不同配料各异，现介绍几种常见配方。

（1）广式腊肉配方。肋条肉 100kg，白砂糖 3.5kg，60°曲酒 1.5kg，无色酱油 600g，精盐 1.8kg，异维生素 C 钠 40g，三聚磷酸钠 10g，山梨酸钾 250g。

（2）武汉腊肉配方。原料肉 100kg，精盐 3kg，白砂糖 6kg，无色酱油 2.5kg，白酒 1.5kg，白胡椒粉 0.2kg，咖喱粉 0.05kg，硝酸盐 15~20g。

（3）四川腊肉配方。原料肉 100kg，食盐 3kg，白酒 1kg，红糖汁 0.6kg，花椒粉 0.1kg，五香粉 0.15kg（五香粉配方：八角 0.5kg，三奈 0.5kg，甘草 1kg，桂皮 1.5kg，荜拨 1.5kg，混合碾成粉末），硝酸盐 15~20g。

5. 腌制

将配好的腌料均匀地涂抹在肉面上，充分揉搓，抹好后将肉放在缸内或池内，初放时皮面在下，肉面向上，然后层层摆好压紧，最上一层肉面向下，皮面向上，最后将剩余配料全部均匀地撒在肉面层上，每两天翻缸一次，腌 5~7d 即可起缸。

6. 烘烤或熏烤

晴天可晾晒 3~4d 即可。阴雨天烘烤，一般将温度控制在 50~60℃，烘烤或熏烤时间因肉块大小而异，可 24~72h 不等，以皮面干燥瘦肉鲜红，肥肉透明或呈乳白色即可出炕。熏料可选用杉木、梨木、不含树脂的阔叶树锯末、木炭、玉米芯、花生壳、瓜子壳、板栗壳、甘草渣、糠壳等，也可加柏树枝叶、柑橘皮增香，在不完全燃烧条件下对肉制品熏烤。烘烤或熏烤过程中，应间隔一定时间将肉条上下调换，达到均匀一致。

7. 包装

腊肉出炕后，应挂在通风处冷却散热，以免产生水汽影响包装效果和质量。现多采用真空封袋包装，每袋 500g。

（三）主要质量指标

1. 感官指标

皮色酱黄，肌肉呈红色或暗红色，表面干燥有弹性，具有腊肉固有的风味，保质期为半年。

2. 理化指标

水分≤25%，食盐≤3%，酸价（以 KOH 计）≤4mg/g，过氧化值（以脂肪计）≤0.5%。

（四）主要设备

烤房（熏房）、屠宰刀具、真空包装机等。

二、香肠

（一）工艺流程

选料→清洗→分切→漂洗→拌料→灌肠→刺孔→扎结→漂洗→脱水干燥→成品包装。

（二）操作要点

1. 选料

最好选用新鲜合格的猪大腿、臀部肉、背脊肉，剔除骨、腱，将肥瘦肉分开。

2. 清洗

用清水洗净肉面血污，捞出控水。

3. 分切

瘦肉绞成 8~10mm 肉丁，肥肉切成 10~12mm 大小的肉丁。

4. 漂洗

用 30~50℃温水将肥肉丁漂洗一次，去除浮油，沥干待用。

5. 拌料

以下介绍几种常见地方风味香肠的配方。

(1) 川味香肠配方一。瘦肉 80kg，肥肉 20kg，食盐 2.5kg，白糖 1kg，酱油 2.5kg，白酒 1kg，味精 0.2kg，花椒粉 0.1kg，硝酸钠 0.02kg，五香粉 0.15kg（五香粉配方见四川腊肉）。

(2) 川味香肠配方二。瘦肉 80kg，肥肉 20kg，食盐 2.5kg，白糖 1.5kg，无色酱油 2.5kg，白酒 1.5kg，芝麻油 2kg，胡椒粉 0.15kg，花椒粉 0.1kg，辣椒粉 0.15kg，五香粉 0.2kg，硝酸钠 0.02kg。

(3) 广味香肠配方。瘦肉 75kg，肥肉 25kg，食盐 2.5kg，白糖 7kg，白酒 2.8kg，味精 0.2kg，白胡椒粉 0.2kg，异维生素 C 钠 0.04kg，三聚磷酸钠 0.01kg，亚硝酸钠 0.015kg。

(4) 北京香肠配方。瘦肉 70kg，肥肉 30kg，食盐 2.5kg，白糖 2kg，无色酱油 3kg，砂仁粉 0.08kg，白酒 1kg，花椒粉 0.08kg，姜汁油 0.3kg，亚硝酸钠 0.015kg。

方法：拌料时先将食盐、白糖、五香粉、味精、硝酸钠等固体用温水溶解，用水量为肉重的 6% 左右，搅拌冷却后再加入白酒、酱油等。用此料液在瘦肉中拌匀，再加入肥肉一起混匀，立即进行灌肠。

6. 灌肠

肠衣一般用羊小肠、猪小肠，可用灌肠机或手工灌肠。要求肉馅均匀，松紧适宜。

7. 刺孔

边灌馅边用消毒的针在肠衣上刺孔排气，以保证肉馅均匀，利于干燥脱水，防止脂肪氧化和出现空肠。

8. 扎结

用线绳或铝丝将香肠每隔 12~15cm 扎成一节。

9. 漂洗

用 60~70℃温水洗去香肠表面的油污和料液，使其表面整洁美观。

10. 脱水干燥

可日晒或烘烤。人工干燥时烘房温度控制在 45~55℃，烘温过高，脂肪溶化外渗，使颜色变暗，瘦肉熟化，出现空心肠。烘温偏低，微生物繁殖，使香肠腐败。干燥时要定时倒肠、换架，使香肠成形匀称，受热一致。香肠在烤架上分布要留有一定空隙，达到受热均匀。烘烤时间为 1~2 昼夜，倒肠 2~4 次。

11. 包装

香肠可挂在通风良好避光的场所挂晾风干，在 10℃ 以下可贮藏 1~3 个月。也可根据包装规格，用真空封袋包装，这样可贮藏 3~6 个月。

（三）主要质量指标（特级指标）

1. 感官指标

外形完整、均匀，表面干爽呈现收缩后的自然皱纹。瘦肉呈红色、枣红色，脂肪呈乳白色，外表有光泽。滋味鲜美，咸甜适中。腊香味纯正浓郁，具有中式香肠（腊肠）固有的风味。

2. 理化指标

食盐≤3%，水分≤25%，过氧化值（以脂肪计）≤2.5%，亚硝酸盐≤20mg/kg。

（四）主要设备

切肉机、灌肠机、烘房、真空包装机等。

三、火腿

（一）工艺流程

选料（选腿）→修腿→腌制→洗晒、整形→晾挂、发酵→堆放→出售。

（二）操作要点

1. 选料

选用健康、新鲜的带皮猪后腿，鲜重 5kg 左右。

要求皮薄、新鲜，肥膘要薄，色要白，腿形以脚爪纤细、小腿细长者为佳。

2. 修腿

将腿边修成弧形，边缘整齐，腿面平整，呈"柳叶形"。刮去残毛、污物，削平耻骨，除去尾椎，斩去脊骨，使肌肉外露，割去过多脂肪。

3. 腌制

腌制原料为食盐和硝酸钠。配料：按 100kg 鲜腿，食盐 8~10kg，硝酸钠 50g。腌制温度以 0~10℃较好，一般上盐 5~7 次，每次上盐为总盐量的 10%。

（1）第一次上盐稍少（上小盐）。5kg 鲜腿用盐 100g 左右。要求上盐均匀，反复揉搓，使盐尽快渗入肉内，目的是排出水分和瘀血。上完盐后，将腿整齐堆叠码放，10℃以下可堆叠10~12 层，腌制 24h。

（2）第二次上盐稍多（上大盐）。5kg 鲜腿约用盐 250g。在上小盐的第二天进行，先用手挤出血管淤血，在腰椎骨、耻骨关节、大腿上部肌肉较厚处先涂抹少许硝酸钠（一般冬季可不用），然后在 3 个较厚部位加重敷盐量，用盐后将腿上下倒换整齐堆叠，需腌 3~4d。

（3）复三盐。二次上盐后，6d 左右进行，上盐 100~150g，检查腿质硬软和 3 个较厚部位余盐多少，来决定盐量的增减。

（4）复四盐。过 7d 左右，检查三个较厚部位的盐量，上下翻堆，调节腿温，用盐量 50~100g。

（5）复五、复六盐。间隔 7d 左右。方法同复四盐。

每天翻堆应轻拿轻放，堆叠整齐，擦盐用力均匀，腿皮上切忌用盐和避免粘盐，以防腿皮发白、无亮光。掌握气温变化。

在腌池中腌 1 个月左右。

4. 洗晒、整形

先用冷水浸泡 2h 左右，再用温水边洗边刷，去除血污、泥沙、残毛、糊腻，在阳光下晒干 1d 左右。浸腿时，肉面向下，全部浸没，刷腿时顺肉纹依次将脚爪、皮面、肉面、腿尖洗刷干净。挂晒时使腿面变硬，肉部尚软，即可整形。整形要求：大腿部呈橄榄形，腿心饱满。小腿部正直，表面无皱纹。脚爪部呈镰刀形。整形后暴晒 4~5d，每天整形 1~3 次，使其表面干燥，形状固定。此时腿皮呈黄色，皮下脂肪洁白。肌肉紫色，腿面平整，内外坚实。此时蒸发水分 10%~15%。

5. 晾挂、发酵

一方面使水分继续蒸发，另一方面使肌肉中的蛋白质、脂肪等发酵分解，使肉色、肉味、香气更为完善。将腿送入发酵室，把腿逐只挂在木架上，腿间隔 5~7cm，离地 2m。通常发酵时已进入初夏，气候转热，腿表如出现绿色霉菌（俗称油花）为干燥和咸淡适中的标志。如出现黄霉（水花）是晒腿不足的标志，这种腿易生蛆变腐。因此，晾挂前应逐只检查腿的干燥程度和有否虫害、虫卵。发酵需要 2~3 个月，可人工接种乳酸菌、酵母、霉菌，促其发酵，加速香鲜味的形成。

6. 堆放

刷去霉菌、灰尘等，按大、中、小分别堆叠，每堆高度不超过 15 只，腿肉向上，腿皮向下。每隔 5~7d 上下调换一次，滴油用碗盆接住，再涂在表面，使腿质滋润。腿失重为 30% 左右，即为新腿，过夏则为陈腿，风味更好。

7. 出售

按火腿的分级标准，分级出售。

（三）主要质量指标（一级鲜度）

1. 感官指标

肌肉切面呈深玫瑰色或桃红色，脂肪切面呈白色或微红色，有光泽。组织致密结实，切面平整，具有火腿特有的香味，无异味。

2. 理化指标

亚硝酸盐≤20mg/kg，过氧化物≤20mg/kg，三甲胺氮≤20mg/kg。

（四）主要设施

刀具、腌制池、晾架、发酵室等。

四、低温火腿肠

（一）工艺流程

原料处理→腌制→分割、斩拌→灌肠→煮制、杀菌→冷却→低温保藏。

（二）操作要点

1. 原料处理

新鲜牛肉：猪肉（肥：瘦=2：8）=3：7，用清水洗净，挤出组织内残留血液，剔除筋腱、碎骨、油膜。

2. 腌制

将食盐配成饱和溶液，亚硝酸盐和磷酸盐分别配成适当浓度。用盐水注射器将上述溶液注入牛肉、猪肉内，加入量（以肉的质量计）为：食盐2.0%，亚硝酸盐0.015%，磷酸盐0.5%，再用按摩滚揉机滚揉，使腌制液在肌肉内能迅速扩散，均匀渗透，促使肌肉自溶早熟，然后放置在0~4℃冷库中静置36~48h。

3. 分割、斩拌

将腌制好的肉分割成（3~4）cm×（4~5）cm的块状，移入斩拌机内，并加入以下辅料（以肉的质量计）：味精 0.4%、胡椒粉 0.3%、肉蔻粉 0.1%、大蒜 0.5%、芫荽籽粉 0.2%、淀粉 4%、冰块 20%。斩拌速度由慢到快，斩拌温度控制在 20℃以下。

4. 灌肠

用塑料肠衣真空灌肠。尽量缩短停留时间，及时煮制。

5. 煮制、杀菌

直径 4~5cm、重 250g 的火腿肠杀菌公式：30min—25min—30min/73℃。迅速冷却。

6. 低温保藏

放置在 0~4℃低温冷库下保藏。

（三）主要质量指标

1. 感官指标

外形良好，标签规整，无污垢，无破损，无汁液；切片呈红色或玫瑰色，色泽一致，有光泽；组织致密，有弹性，切片性能好，切面无直径大于 5mm 的气孔，无汁液，无异物；风味爽口，咸淡适中，滋味鲜美，无异味。

2. 理化指标

水分为 75%~80%；含盐量为 1.5%~3.5%；蛋白质 $\geq$14%；脂肪 $\leq$15%；淀粉 $\leq$4%；亚硝酸盐 $\leq$ 70mg/kg；复合磷酸盐 $\leq$ 8.0mg/kg；铅（Pb）$\leq$1.0mg/kg。

3. 微生物指标

细菌总数在 10 000 个/g，大肠菌群 $\leq$40 个/100g，致病菌不得检出。

（四）主要设备

刀具、盐水注射器、腌制缸、低温腌制室、按摩滚揉机、斩拌机、灌肠机、蒸煮锅、低温冷库等。

第九章　规模化生态养殖猪场经营管理

第一节　影响养猪经济效益的因素与对策

一、影响养猪经济效益的主要因素

(一) 品种不对路，商品猪品质差

种猪的优劣是决定养猪效益高低的基本条件之一。要取得最佳效益，必须有优良的品种做保证，而目前农村地方杂种猪还占有一定的比例，三元杂交猪所占比例并不高。虽然有些养殖户走自繁自养之路，但近亲繁殖现象普遍。农民在选购仔猪时只求价格便宜，不问品种优劣，导致猪生长缓慢、瘦肉率低、饲料报酬差、售价不高。

(二) 猪场选址不科学，生产力低下

由于近年来生猪市场行情较好，小规模的养殖户也随之增多，而大部分养殖户又不注意场址的选择，多在公路两旁或村庄内搭建临时猪舍。有的甚至在自家院内利用破旧的房屋养猪。猪舍建筑结构与布局不合理，设备简陋，保温隔热性能差，湿度大，通风不良，粪污随地排放，加上清扫不及时，不仅不能为生猪生长提供舒适的生活环境。而且夏天容易引起中暑，冬天易诱发感冒和传染性胃肠炎等疾病，无法充分发挥其生产潜力，导致生猪生产周期过长，造成人力、物力和财力的浪费。

(三) 传统养猪观念严重，市场风险意识差

有的养殖户喜欢把猪养到春节前出售，集中上市，供大于求，势必引起肉价回落，减少收益；有的养殖户喜欢喂养超大猪，把猪饲养到140kg以上才出售，这些猪后期生长缓慢，饲

料报酬低，不仅浪费了人工和饲料，而且一旦遇到突发疾病，损失惨重；有的养殖户根本没有风险意识，看到仔猪贵便盲目发展母猪，看到市场肉价上涨便盲目扩大商品猪生产规模，把握不了养猪业发展的市场规律，结果形成"多养多赔、少养少赔、不养不赔"的恶性循环。

（四）免疫程序不科学，疫病防控意识淡薄

预防接种是确保猪只健康生长的首要措施。而有些饲养了母猪的养殖户不按科学的免疫程序对仔猪进行免疫接种，认为仔猪过早打预防针会影响其生长，通常要饲养到两个多月、体重达 20kg 以上出售时由防疫员当场打猪瘟疫苗。表面上看仔猪健康买者放心，其实这些仔猪一旦因应激将导致其免疫力差，最容易患病。

消毒灭源也是保证生猪健康生长的重要措施，而有些养户却忽视了消毒灭源工作。认为消毒没有多大作用，抱有侥幸过关心理，猪舍很少消毒，猪舍进出口也不设置消毒池，加上潮湿、卫生条件差，人员进出频繁，遇到环境突变，时常诱发疫病。有的养殖户即使对猪舍进行了消毒，但药物的配制浓度和使用方法不当，也达不到应有的消毒灭源效果。

（五）种猪饲养管理粗放，生产性能差

在饲养方面主要表现为小农经济意识强，盲目追求低成本，体现在随意减少日粮中鱼粉、预混料等昂贵原料的添加量，或以霉变的饲料喂猪。在管理上主要表现为种猪利用不当，种公猪配种过早，利用过度，导致公猪早衰而被迫频繁淘汰；种母猪哺乳期过长，导致母猪体质变差，断奶后发情延迟，有的甚至导致不育；后备母猪配种过早，生长发育不全，终身繁殖力降低。

二、提高养猪效益的思路与对策

养猪业是一项科学性强、见效快但风险性较大的农村致富产业，提高养猪效益，必须转变观念，依靠科学，强化管理。

（一）选择适销对路的优良品种

品种优良是提高养猪效益的基本条件，所以，种猪的选择应充分利用杂交优势。种母猪应选留长大二元杂交母猪，公猪应选用杜洛克。优良品种的种猪产仔数多，其后代商品猪饲料利用率高、生长速度快、瘦肉率高，可大大降低饲养成本；有条件的养户要坚持自繁自养，这样既可节省开支，又能有效防控仔猪因应激而导致疫病的发生与传染。

（二）切实加强种猪的饲养管理

1. 确保种猪饲料营养均衡

饲养种猪应根据其生理阶段不同，按标准供给全价饲料。保证日粮质量安全，切勿饲喂掺假或霉变及刺激性强的饲料。

2. 合理利用种公猪

合理利用种公猪是提高母猪受胎率和产仔数，保证猪场均衡高效生产的重要措施。因此，必须做到配种、营养和运动三者之间的平衡与协调。其配种频率要因公猪年龄、体重而定，如青年公猪一般每周配种 1~2 次，壮龄公猪一般每天 1~2 次，连用 3d 中间要休息 1d。公母比例不超过 1：20，非特殊情况一般不对外配种，以免传播疾病。其配种量要视膘情而定，保持其良好的种用体况，每天喂量以 3kg 为宜。过肥者要加强运动，瘦弱者每天要增加 0.5kg 左右的饲料喂量，并适量补充鱼粉、维生素和微量矿物质元素等。

3. 加强母猪管理

母猪哺乳期不宜过长，在仔猪早期补饲和加强管理的基础上，根据其体重大小可适当提前断奶，防止母猪过瘦而影响发情与受胎，肥者限饲，瘦者加料。

（三）牢固树立"防重于治"的思想观念

一方面，要彻底改变"有病治病、无病不防"的做法。要积极主动了解周围疫情，根据本场实际制定并认真执行科学的免疫程序，切实做好猪口蹄疫、猪瘟、猪丹毒、猪肺疫、猪副伤寒、猪蓝耳病、猪伪狂犬、猪链球菌和猪细小病毒等疫病的预防接种工作，尤其要做好猪瘟的免疫接种工作。同时，提倡乳猪超前免疫，即新生仔猪在未吃初乳前注射猪瘟疫苗，注射后 24h 再喂给初乳，30~35 日龄第二次免疫。场内不能饲养其他动物，不要到集市或其他专业户购买仔猪，对购进的种猪要先隔离观察 1 个月，确认无病后方可混群，种公猪和母猪每半年要接种 1 次猪瘟疫苗。另一方面，要正确对待消毒灭源工作。要建立健全动物防疫卫生制度，对猪舍进行严格消毒，定期驱虫灭鼠，消灭蚊蝇，猪舍进出口要设置消毒池，安设消毒警示牌。同时，要正确使用消毒药品，最好选购 2~3 种消毒药物交替使用，避免产生耐药性。

（四）改变传统养猪方法，发展生态养猪模式

养猪业是一个高污染行业，随着人们对环保意识的不断增强，养猪业排泄物中的有害成分，如重金属、兽药、消毒药等引起的环境污染以及病原体引起的公共卫生问题正日益凸显出来。因此，必须改变传统的庭院式养猪法，选择具有天然生物防疫屏障的山塘、水库边或远离交通要道、村庄、学校，土质透气透水性好的向阳地带建设猪场。猪舍要东西走向、坐北朝南，确保猪舍充分采光，通风良好。在发展模式上要与种植业、水产养殖业相结合，发展"猪—沼—果""猪—沼—渔"养猪模式。这样，不仅有利于生猪疫病的防控，保障公共卫生安全，保护生态环境，而且还可以循环利用资源，提高养猪生产效益。

第二节　养猪的风险与防范

一、养猪面临的风险

当前，规模化养猪面临着很多风险，一旦发生，就可使猪场遭受不同程度的伤害，严重的可使猪场经济遭受很大的损失，甚至遭受灭顶之灾。企业与风险始终相伴，风险与利润又是一个矛盾统一体，高风险往往意味着高回报，这就要求猪场经营者既要有敢于担当的勇气，在风险中抢抓机会，在风险中创造利润，化风险为利润；又要有防范风险的意识，管理风险的智慧，驾驭风险的能力，把风险降到最低。

（一）猪群疾病风险

这种因疾病因素对猪场产生的影响有两类：一是生猪在养殖过程中或运输途中发生疾病造成的影响，主要包括大规模的疫情可致猪只大量死亡，带来经济损失；疫情会给猪场的生产带来持续性的影响，净化过程将降低猪场的生产效率，生产成本增加，进而降低效益，内部疫情发生将减少猪场的货源，减少收入，效益下降。二是生猪养殖行业暴发大规模疫病或出现安全事件造成的影响，主要包括生猪养殖行业暴发大规模疫病将增大本场暴发疫病的可能性，给猪场带来巨大的防疫压力，并增加在防疫上的投入，提高经营成本；生猪养殖行业出现安全事件或某个区域暴发疫病，将会导致全体消费者的心理恐慌，降低相关产品的总需求量，直接影响猪场的产品销售，给经营者带来损失。

（二）市场风险

市场风险即因市场突变、人为分割、竞争加剧、通胀或通缩、消费者购买力下降、原材料供应等变化导致市场份额急剧下降的可能性。国内生猪市场，因市场的无序竞争，生猪存栏大量增加，致饲料价格上涨，生猪价格下跌。外销生猪存在着销售市场饱和的风险。

（三）产品风险

产品风险即因猪场新产品、服务品种开发不对路，产品有质量问题，品种陈旧或更新换代不及时等导致损失的可能性。猪场的主营业务收入和利润主要来源于生猪产品，并且产品品种单一，存在产品相对集中的风险；对种猪场而言，由于待售种猪的品质退化、产仔率不高，存在销售市场萎缩的风险；对商品猪场而言，由于猪肉品质差，不适合消费者口味，药物残留和违禁使用饲料添加剂的问题未得到有效控制，出现猪肉安全问题，导致生猪销售不畅。

（四）经营管理风险

经营管理风险即由于猪场内部管理混乱、内控制度不健全、财务状况恶化、资产沉淀等造成损失的可能性。猪场内部管理混乱、内控制度不健全会导致防疫措施不能落实，暴发疫病造成生猪死亡；饲养管理不到位，造成饲料浪费、生猪生长缓慢、生猪死亡率增加；原材料、兽药及低值易耗品采购价格不合理，库存超额，使用浪费，造成猪场生产成本增加；对差旅、用车、招待、办公费、产品销售费用等非生产性费用不能有效控制，造成猪场管理费用、营业费用增加。猪场的应收款较多，资产结构不合理，资产负债率过高，会导致猪场资金周转困难，财务状况恶化。

（五）投资及决策风险

投资风险即因投资不当或失误等原因造成猪场经济效益下降。投资资本下跌，甚至使猪场投产之日即亏损或倒闭之时的可能性；决策风险即由于决策不民主、不科学等原因造成决策失误，导致猪场重大损失的可能性。如果在生猪行情高潮期盲目投资办新场，扩大生产规模，会产生因市场饱和、猪价大幅下跌的风险；投资选址不当，生猪养殖受自然条件及周边卫生环境的影响较大，也存在一定的风险。对生猪品种是否更新换代、扩大或缩小生产规模等决策不当，会对猪场效益产生直接影响。

（六）人力资源风险

人力资源风险即猪场对管理人员任用不当，无充分授权或精英人才流失，无合格员工或员工集体辞职造成损失的可能性。有丰富管理经验的管理人才和熟练操作水平的工人对猪场的发展至关重要。如果猪场地处不发达地区，交通、环境不理想，难以吸引人才；饲养员的文化水平低，对新技术的理解、接受和应用能力差，会削弱猪场经济效益的发挥；长时间的封闭管理，信息闭塞，会导致员工情绪不稳，影响工作效率；猪场缺乏有效的激励机制，员工的工资待遇水平不高，制约了员工生产积极性的发挥。

（七）环境、自然灾害及安全风险

环境风险即自然环境的变化或社会公共环境的突然变化，导致猪场人财物损失或预期经营目标落空的可能性；自然灾害风险即因自然环境恶化，如地震、洪水、火灾、风灾等造成猪场损失的可能性；安全风险即因安全意识淡漠、缺乏安全保障措施等原因而造成猪场重大人员或财产损失的可能性。环境、自然灾害及安全风险都是猪场不能忽视的问题。

（八）政策风险

政策风险即因政府法律、法规、政策、管理体制、规划的变动，税收、利率的变化或行业专项整治，造成损害的可能性。

二、猪场风险防范对策

（一）加强疫病防治工作，保障生猪安全

首先要树立"防疫至上"的理念，将防疫工作始终作为猪场生产管理的生命线；其次要健全管理制度，防患于未然，制定疾病的内部净化流程，同时，建立饲料采购供应制度和疾病检测制度及危机处理制度，尽最大可能减少疫病发生概率并杜绝病猪流入市场；再次要加大硬件投入，高标准做好卫生防疫工作；最后要加强技术研究，为防范疫病风险提供保障，在加强有效管理的同时加强与国内外牲畜疫病研究机构的合作，为猪场疫病控制防范提供强有力的技术支撑，大幅度降低疾病发生所带来的风险。

（二）及时关注和了解市场动态，稳定市场占有率

及时掌握市场动态，适时调整生产规模，在保持原有市场

的同时，加大国内市场和新产品的开发力度，实现产品多元化，在不同层次开拓新市场。中国在加入世贸组织之后，国际猪肉市场上蕴藏着巨大商机，我国的生猪产品与发达国家相比在成本和价格方面有一定竞争优势，在生产过程中要贯彻国际先进的动物福利制度。从根本上改善生猪的饲养环境，从生产和产品质量上达到国际标准，争取进入国际市场。

（三）调整产品结构，树立品牌意识，提高产品附加值

以战略的眼光调整产品结构，大力开发安全优质种猪、安全饲料等与生猪有关的系列产品，并拓展猪肉食品深加工，实现产品的多元化。保持并充分发挥生猪产品在质量、安全等方面的优势，加强生产技术管理，树立生猪产品的品牌，巩固并提高生猪产品的市场占有率和盈利能力。

（四）健全内控制度，提高管理水平

国家相关法律、法规的规定，制定完备的企业内部管理标准、财务内部管理制度、会计核算制度和审计制度，通过各项制度的制定、职责的明确及其良好的执行，使猪场的内部控制得到进一步完善。重点要抓好防疫管理、饲养管理，做好生产统计工作。加强对原材料、兽药等采购、饲料加工及出库环节的控制，节约生产成本。加强财务管理工作，降低非生产性费用，做到增收节支；加强生猪销售管理，减少应收款的发生；调整资产结构，降低资产负债率，保障资金良性循环。

（五）加强民主、科学决策，谨防投资失误

经营者要有风险管理的概念和意识，猪场的重大投资或决策要有专家论证，要采用民主、科学决策手段，条件成熟了才能实施，防止决策失误。

（六）建立有效的激励和约束机制，最大限度发挥员工潜能

采取各种激励政策，发掘、培养和吸引人才，不断提高猪场管理水平。充分发挥每位员工的主观能动性，制定有效的激励措施。按照精干、高效原则设置管理岗位和管理人员，建立以目标管理为基础的绩效考核方法；做好员工的职业生涯规划，保持员工的相对稳定，确保猪场的持续发展；改革薪酬制度，在收入分配上向经管、技术和生产骨干倾斜。通过不断建立新的行之有效的内部激励机制和约束机制，以更好地激励、约束和稳定猪场高级管理人员和核心技术人员。

（七）树立环保安全意识，防止事故发生

猪场的绿化工作，形成较多的绿化带和人工草坪，有利于吸尘灭菌、消减噪声、防暑防疫、净化空气。保持猪舍干燥、清洁，并使"温度、湿度、密度、空气新鲜度"四度均保持在合适的程度。

（八）掌握国家有关政策和规定，规避政策风险

要充分关注政府有关政策和经济动向，了解政府税收政策变化，不断加强决策层对经济发展和政策变化的应变能力，充分利用国家对农业产业结构调整带来的机遇和优惠政策，及时调整经营和投资战略，规避政策风险。充分利用国家对外贸出口产品实行国际通行的退税制度，扩大生猪外贸出口，增强盈利能力。

第三节　选择适合的经营模式

从养猪生产经营者来分类，主要有公司独立自养模式、公司+农户模式、公司+基地模式、公司+基地+农户模式、合作社模式、养猪小区模式等。

一、公司独立自养模式

这种模式以中粮、双汇、雨润和宝迪等大公司为代表，其特点是，全部猪场自建、自养，固定资产投资大，环保压力大，但管理及疫病风险最低，食品安全性有保障。

公司独立自养模式又分为一条龙和阶段性养猪模式。大型养猪企业（集团）多采用一条龙养猪模式，自建自繁自养原种猪场、祖代场、父母代场（包括生长育肥阶段）。中小养猪企业多采用阶段性养猪模式，有的只搞原种猪场，有的只搞祖代场，有的只搞父母代商品场，还有的只搞商品仔猪繁殖场或者只搞育肥猪场（购猪苗，只养生长育肥阶段）。

二、公司+农户模式

这种模式以温氏集团为主要代表，其特点为：公司自建自养种猪场、仔猪繁殖场，农户按公司设计建设育肥场并饲养生长育肥猪，合同回收育肥猪，公司为农户提供猪苗、饲料、兽药、养猪技术及管理等一条龙服务。其优势是固定资产投资较小、公司占用土地少（不用自建生长育肥舍，而生长育肥舍建筑面积是猪场猪舍总建筑面积的一半左右），扩张速度快（农户加盟积极性高）。这种模式最大的好处是能带动农民养猪致富，所以农民欢迎、政府支持、融资能力强；其缺点是农户育肥阶段有管理及疫病风险（但育肥阶段管理及饲养比较简单，技术含量低，通过配套完善的服务体系，管理及疫病风险基本可控）。要求农户诚信度要高，否则，市场好时回收育肥猪、收回赊款风险较大（温氏农户的猪苗、饲料、兽药等费用基本都是公司垫付），但这个问题在温氏基本上也得到了很好的解决。

需要注意的是，有别于温氏模式，国内很多企业搞公司+农户模式，因资金不足，大都会让农户花钱买公司提供的猪苗、饲料、兽药，虽然公司资金风险降低了，但也很难发展养殖户并快速扩张（农户养猪缺钱，贷款也难，积极性不高），这也是很多企业搞公司+农户模式失败的重要因素之一。针对这个问题，有些企业通过公司担保+银行贷款的模式进行操作，效果不错。

另外，还有的企业搞公司+农户，看上去基本与温氏模式一样，但对农户育肥场的选址及设计建设、猪群饲养管理等服务不到位，即公司与农户关系不紧密，导致管理及疫病风险增大，往往以失败告终。还有的企业把仔猪繁殖场甚至种猪场都让合作农户去经营饲养，管理及疫病风险太大，几乎没有成功的。

其实，温氏对农户育肥场的管理几乎与管理自己的育肥车间一样，农户散而不乱，这也是温氏模式成功的重要因素之一。

三、公司+基地模式

这种模式以新五丰公司为代表，与国内普遍提倡的"公司+农户"的模式有较大的不同，主要是对基地（合作猪场）的选择标准和农户的标准不一样。公司对合作伙伴基地（合作猪场）的要求是要有较大规模的规模化猪场，并且与基地合作主要是面向出口，因为基地（合作猪场）更符合公司的标准，在生猪质量、食品安全方面要比农户更有保障。另外，也有类似新五丰的公司+基地模式的，如广东瑞昌模式，其实是公司独立自养模式，基地也是公司的，这种模式的养猪企业也大都是外向型出口企业或高端型种猪企业。

四、公司+基地+农户模式

这种模式以雏鹰集团为代表，实质上也是公司+农户模式，但其与温氏模式的区别是，包括农户所用的猪场都是公司所建，公司组织农户进公司建设好的猪场、小区养殖，并免费使用猪舍。与温氏模式一样，都是提供猪苗、饲料、兽药、养猪技术与管理、销售等一条龙服务。相对温氏模式而言，没有育肥阶段管理及疫病风险，资金回笼风险降低。但公司固定资产投资增大、占用土地多，扩张速度肯定不如温氏快。但因生长育肥猪没有分散到农户饲养，环保压力增大。

五、养猪合作社模式

这种养猪模式本质上就是农户多股份制养猪或称之为集体联盟养猪，大多由政府、协会、销售型企业等发起。由于不好管理，多数好景不长，成功者寥寥无几，往往以一个主要股东控股的形式变为实质上的个体私营猪场而告终。目前，国内大部分所谓的养猪合作社都非名副其实，大都是个别人——有政府背景的人假借此名目套取国家或政府优惠政策。

六、养猪小区模式

这是我国政府早些年提倡的模式，其实就是把散户养猪集中到一个小区（猪场）。因小区内还是一家一户独立经营养猪，分散管理，防疫困难，多以失败告终。养猪小区把许多养猪户联合集中起来，在一个共同兴建的养猪园区内统一饲养、经营管理。这种模式主要由政府组织牵头运作，也有以某个龙头企业（公司）牵头运作。其缺点是：一家一户入住养猪小区，管理难度大，尤其是防疫工作无法进行、疫病难以控制。特别是那些由政府组织牵头运作的养猪小区，常常沦落为形象工程、业绩工程、项目工程，园区建设花的大都是国家的钱，缺乏科学规划，管理更是混乱。国内早些年兴建的许多养猪小区，现在多数是人去猪空，一片荒芜。

七、其他模式

如以得利斯集团为代表的"龙头企业+生猪专业合作社+合同猪养猪场（户）"模式和以铁骑力士集团为代表的"公司+担保公司+银行+合作社+农户"模式。随着我国规模化养猪的快速发展，相信还会有更多的经营模式出现，但是万变不离其宗。通过经营模式创新实现养猪资源的优化配置，实现经济效益、社会效益和生态效益的最大化，最终实现生猪产业的快速和可持续发展。

第四节　生产计划的制订

制订计划就是对养猪场的投入、产出及其经济效益作出科学的预见和安排；计划是决策目标的进一步具体化，经营计划分为长期计划、年度计划、阶段计划等。

一、计划内容

经营计划的核心是生产计划，制订生产计划时，必须重视饲料与养猪发展比例之间的平衡，以最少的生产要素（猪舍、资本、劳动力等）获得最大经济效益为目标。年度计划包括生产计划、基建设备维修计划、饲料供应计划、物质消耗计划、设备更新计划、产品销售计划、疫病防治计划、劳务使用计划、财务收支计划、资金筹措计划等内容。

二、制定程序

（一）确定总目标

必须确定是单纯养肥猪，还是单纯养种猪或两者兼营；单纯经营养猪业还是以养猪业为主，兼营其他。

（二）盘点清查全部资源

在制订生产计划时，对原有的生产要素及存栏猪种类、数量，饲料的种类、数量等一定要盘清。

（三）确定具体的生产目标

确定养何种猪、数量、规模、繁殖与饲养周期、饲料种类和数量等，如兼营其他，应确定适宜比例，建立合理的生态结构。

（四）投资与资金筹集

确定投资总额，固定、流动资金等类别及资金筹集的渠道。

（五）自给饲料量

拥有土地的养猪场，应确定自给饲料的种类和可提供的饲料数量。

（六）确定猪的品种和相应的技术及销售

养何种品种，采取的相应技术（饲料、饲养、繁育、防疫等）和产品销售渠道。

（七）做出盈亏预测和判断

从生产周期的资金流动和资源可用性观点出发，对生产计划的经济可行性进行评价，即根据生产目标与市场情况，做出成本总支出与总产值在经济上盈亏预测和判断。

第五节　规模化养猪场运行与营销管理

一、劳动管理

为明确责任，规范生产，需建立明晰的责、权、利相统一的生产管理制度。养猪生产中通常有生产责任制、经济责任制、岗位责任制 3 种不同的管理形式。现就生产责任制与岗位责任制介绍如下。

（一）生产责任制

生产责任制是养猪场经营者为了调动员工的积极性，增强其工作责任心，提高养猪场的生产水平和经济效益，根据养猪场各生产阶段的不同特点制定的生产成绩高低与个人效益挂钩的管理办法。职工工资一般由岗位工资加效益工资构成。生产责任制的核心是明确规定生产者的任务，经营者和生产者的权利及其奖罚内容。生产责任制中的责、权、利反映人与人在生产劳动过程中的分工协作关系和分配中的物质利益关系。它对维持正常的生产秩序，做好经营管理，提高经济效益具有重要作用。生产责任制的形式有多种，现做以下介绍。

1. 联产计酬

联产计酬责任制是联系产量计算报酬，年初按不同生产类别规定产量、质量或产值指标和奖罚办法，到年底结算，超产奖励，减产惩罚。

2. 联产承包

（1）企业承包。按承包对象划分，主要有集体承包、合伙承包和个人承包。按分配关系划分，主要有利润分成、利润包干（全奖全赔）、费用包干、联利计酬等。

（2）企业内部承包。按承包对象划分，主要有集体承包、班组承包、个人承包。按分配关系划分，主要有定包奖、收入比例分成、包干上交、专业承包和联产计酬。按经济指标划分，主要有产量包干、劳动定额包干、包生产成本、包产品质量等。

3. 计酬形式

主要有计件工资制、计时工资制、计时结构工资（包括基本工资、工龄工资、职务或技术工资和浮动工资）、浮动工资制（包括全浮动、半浮动和联利制）和混合制（包括分段制、比照制）。

4. 奖励与津贴

奖励和津贴是劳动报酬以外的辅助形式，这是对劳动者超过平均水平的劳动所支付的报酬。

（1）单项奖。对完成和超额完成某项指标的奖励，如质量奖、革新奖、安全奖、节约奖、合理化建议奖等。

（2）综合奖。多采用多种指标的百分制评奖法和年终奖励制。

（3）津贴。包括加班津贴、夜班津贴、特殊劳动津贴、技术津贴等。

（二）岗位责任制

定额管理是岗位责任制管理的核心，其显著特点是管理的数量化。在养猪业岗位责任制管理中，主要有劳动定额和饲料使用定额等。

要做好各项消耗定额的制定和修订工作。生产过程中的饲料、兽药、燃料、动力等项消耗定额与产品成本关系十分密切。制定先进而又可行的各项消耗定额，既是编制成本计划的依据，又是审核控制生产费用的重要内容。因此，为了加强生产管理和成本控制，养猪场必须建立健全定额管理制度，并随着生产的发展、技术的进步、劳动生产率的提高，不断地修订定额，以充分发挥定额管理的作用。

1. 劳动定额与评价

（1）劳动定额。劳动定额是生产过程中完成一定养猪作业量或产品量所规定的劳动消耗标准。按生产方式和劳动范围分为集体定额和个人定额；按工作内容分为综合定额和单项定额；按时间分为常规定额和临时性定额。其内容均应包括工作名称、劳动条件、质量要求、数量标准。劳动定额分为以下几种。

①劳动手段定额。完成一定生产任务所规定的机械和设备或其他劳动手段应配备的数量标准。如饲料加工机具、饲喂工具、猪栏等。

②劳动力配备定额。按生产和管理实际需要所规定的人员配备标准。如每个饲养员应负担的猪群头数、饲料管理人员的编制定额等。

③劳动定额。在一定质量的前提下，规定单位时间内完成的工作量或产量，如人工日作业定额、工副业单位时间内完成生产量定额等。

所制定的劳动定额应遵循平均先进水平及不同工作内容间的定额水平要保持平衡的原则，应简单明确，易理解和运用。制定劳动定额的方法通常有经验估测法、统计分析法、技术测定法。在生产中要把定额管理与报酬和生产责任制等结合起来，要严格质量检查和验收，按劳分配，按时兑现。

（2）劳动力资源利用评价。

①劳动利用率。在劳动生产率不变的情况下，提高劳动利用率，能够完成更多的工作量和产品量。具体计算方法：实际参加劳动的人数与可以参加劳动人数的比率；在一定时间内，平均每个劳动力实际参加劳动的工作日，或实际参加劳动的时间占应参加劳动时间的比率；工作日中纯工作时间占工作日时间的比率。

②劳动生产率。提高劳动生产率是降低成本，提高经济效益的有效途径。

直接指标的计算采用"人年"作为时间单位，即用平均每个劳动力一年内所创造的产值（或产品数量、净产值、净收入）作为劳动生产率的指标计算。如某一养猪场肥猪饲养第一组3人，一年出栏肥猪3 000头，每头单价1 300元，其"人年"劳动生产率为：

$$平均每人一年的劳动生产率 = \frac{3\,000\,头 \times 1\,300\,元/头}{3\,人} = 1\,300\,000\,(元)$$

也可采用人工日或人工时为单位计算，即每个人工日（或人工时）所创造的产品产量（或产值）。

间接指标的计算用单位时间所完成的工作量来表明劳动生产率，如一个"人工时"加工多少饲料或饲喂多少猪。采用此种方法，应与劳动生产率结合起来加以分析。

2. 其他定额管理

（1）物资消耗定额。生产一定产品或完成某项工作所规定的原材料、燃料、电力等的消耗标准，如饲料消耗、药品消耗等。

（2）工作质量和产品质量定额。如母猪受胎率、产仔率、成活率、肥猪出栏率、产品的等级品率等。

（3）财务收支定额。在一定的生产经营条件下，允许占用或消耗财力的标准，以及应达到的财务标准。如资金占用定额、成本定额、各项费用定额，以及产值、收入、支出、利润定额等。

二、猪群管理

（一）猪群结构与周转

繁殖猪群是由种公猪、种母猪和后备猪组成的，各自所占比例叫猪群结构。科学地确定猪群结构才能保证猪群的迅速增殖，提高生产水平。

（二）健全记录

改进猪群的管理工作，不断提高生产水平，必须健全生产记录，及时进行整理分析，主要包括配种记录表、仔猪登记表、生长发育记录表、系谱卡和猪群变动登记表等。

三、产品营销

营销是指企业通过市场出售自己的产品，在实现产品的价值和使用价值过程中，所进行的计划、组织和控制等一系列活动的总称。做好产品流通，对企业本身的生存、发展和社会的需求具有重要意义。

（一）产品营销的意义

（1）联系企业生产和社会需要，实现企业生产目的。在生产的总过程中，生产是起点，消费是终点，分配和交换是中间环节（包括产品销售过程）。猪的流通是连接生产和消费不可缺少的重要一环，可促进生产，引导消费，吞吐商品，平衡供求，合理组织货源和营销，以缓解供需不平衡的矛盾。

（2）加速流通和资金周转，提高经济效益。如产品销售不畅造成积压，必然影响资金周转和正常生产，使企业陷入困境。只有做好产品营销，才能加快资金周转，提高资金利用率，增加经济效益。

（3）改善经营状况，提高管理水平。企业的生产经营活动是由生产、分配、交换和消费等环节组成的，其中一个环节受阻，必然影响全局，必须做好营销，扩大销售范围，提高竞争能力，面向市场，主动适应买方市场的需要。

（二）营销的原则

（1）主动性。如生产的产品靠企业自身推销，就必须增强主动性，掌握市场信息，了解消费者的需要；正确分析本企业的产品在市场上的地位、占有率、竞争力；做好市场定位，积极开拓市场；做好售后服务，提高信誉和市场占有率。

（2）灵活性。产品销售受企业内外多种因素的制约，必须灵活地选择市场和流通渠道，选择适宜的交货方式、付款方式、推销方式，及时调整价格，以利产品销售。

（3）用户至上。企业要以服务为宗旨，端正经营作风，如实介绍产品的性能、质量，严防弄虚作假、坑害用户和不择手段谋求非法利润的错误倾向。

（4）经济效益。产品营销既要重视眼前，更要放眼未来，一定要看到长远利益，关键要在增加产量、降低成本、提高销量、减少销售环节、缩短销售渠道、降低销售成本等方面下功夫，争取获得好的经济效益。

（三）流通渠道

产品的销售需要经过一定的途径或渠道，此途径或渠道为销售渠道或流通渠道。参与销售活动的单位和个人，如批发商、零销商、代理人等，将产品推入市场。我国多成分、多层次、多渠道、多形式、少环节的流通体制正逐渐形成。

（1）商品育肥猪的销售渠道。

①直接销售渠道。生产者与消费者或收购者直接进行交易，不经过任何中间环节，减少中间环节的费用支出，但生产者要支付一定的流通费用。自宰自销亦属于这种销售渠道。

②间接销售渠道。生产者将商品育肥猪通过屠宰场（户）、中间商或国营食品公司进入市场。

（2）种猪和仔猪的销售渠道。

①直接销售渠道。生产者将种猪、种用仔猪、育肥用仔猪直接销售给用户，有些生产者通过市场（仔猪集散地）直接销售给用户，这种销售方式易传染疾病。

②间接销售渠道。生产者经过中间商将产品销售给用户。

（四）促销策略

促进销售是市场营销中的一个重要内容，指企业综合运用自身可以控制的各种市场经营手段进行有效的经营活动。随着商品经济的不断发展，市场竞争的不断加剧，生产者不仅要生产质优价廉的产品，而且要加强对外宣传，扩大信息传播，增加企业和产品的知名度。促销主要有以下两种。

1. 人员推销

（1）推销人员的作用。开拓市场，不仅要牢固地占领现有市场，而且要开拓潜在市场；沟通信息，向用户提供产品信息，及时将用户的需求向企业反馈；咨询服务，经常向用户提供各方面的服务；市场调查，在营销活动中，主动进行市场研究和收集信息，为企业的经营决策提供依据；促进销售，通过与用户或消费者的广泛接触，利用彼此信任的关系，运用推销艺术，解除用户的疑虑，达到促销目的。

（2）推销人员的素质。具有高尚的职业道德，维护国家和群众的利益；具有明确的服务观念，热爱本职工作，遵纪守法，秉公办事；具有坚实的专业知识和基本技能，了解本行业的发展趋势和市场动态；具有勇往直前的精神和一定的推销技巧，不怕困难，勇于进取，谦恭待人，谈吐有礼，口齿流利。

2. 非派员销售

利用广告、商标、营业推广、公共关系等推销产品。

第六节　成本核算与效益化生产

养猪产品成本是猪场在生产销售养猪产品过程中所消耗的各种费用的总和，是养猪产品价值的主要组成部分，是衡量养猪企业经营管理水平的重要经济指标。包括：饲料费；种猪或仔猪购入费；工资或用工费；光、热水电费；医药卫生防疫费、折旧费；运输费；贷款利息；设备维修维护费；共同生产费；经营管理费；福利费；低值易耗品开支及其他用于生产而产生的费用（工具、研发开发、宣传、培训）等。

养猪生产总成本＝饲料费＋种猪或仔猪购入费＋工资或用工费＋光、热水电费＋医药卫生防疫费＋生产设施折旧费＋运输费＋贷款利息＋设备维修维护费＋共同生产费＋经营管理费＋福利费＋低值易耗品开支＋其他费用（工具、研发开发、宣传、培训）

单位产品饲料成本：反映生猪产品的饲料消耗程度。

单位产品饲料成本（元/kg）＝饲料费用/猪产品产量。

单位增重成本：指仔猪和肥育猪单位增重成本。

成本（元/kg）＝（猪群饲养成本－副产品价值）/猪群增重。

单位活重成本（元/kg）＝（期初活重饲养成本＋本期增重

饲养成本+期内转入饲养成本+死猪价值）／（期末存栏猪活重+期内离群猪活重（不包括死猪）），可分为断奶仔猪活重成本、肥猪活重成本。以某猪场为例。

一、猪场生产情况

该猪场建于 1999 年，常年存栏基础母猪约 500 头，猪只常年存栏量为 2 500～3 000 头，每年可向市场提供育肥猪 3 600 头左右，仔猪 4 400 头左右。

2014 年 12 月 25 日，猪场存栏量为 2 813 头，其中繁殖母猪 492 头，后备母猪 56 头，种公猪 30 头，育肥猪 1 120 头，哺乳仔猪 585 头，保育猪 530 头。

2015 年全年出售育肥猪 3 671 头、仔猪 4 280 头、淘汰种猪 98 头，销售收入分别为 245.89 万元、103.72 万元、10.15 万元，合计销售收入为 359.76 万元。

2015 年 12 月 25 日，猪场存栏量为 2 731 头，其中繁殖母猪 501 头，后备母猪 50 头，种公猪 30 头，育肥猪 980 头，哺乳仔猪 560 头，保育猪 610 头。

二、直接生产成本和间接生产成本

猪的生产成本分为直接生产成本和间接生产成本。所谓直接生产成本就是直接用于猪生产的费用，主要包括饲料成本、防疫费、药费、饲养员工资等；间接生产成本是指间接用于猪生产的费用，主要包括管理人员工资、固定资产折旧费、贷款利息、供热费、电费、设备维修费、工具费、差旅费、招待费等。

计算仔猪与育肥猪的生产成本时，只计算其直接生产成本，间接生产成本年终一次性进入总的生产成本。

三、仔猪的成本核算及其毛利的计算

1. 仔猪的成本核算

（1）饲料成本。该猪场 2015 年用于种公猪、后备母猪、繁殖母猪、仔猪的饲料数量及金额总计分别为 784.86t 和 101.60 万元。

（2）医药防疫费。猪场全年用于种公猪、后备母猪、繁殖母猪、仔猪的防疫费合计 3.64 万元，药费合计 2.94 万元。

（3）饲养员工资。饲养员工资实行分环节承包，共有饲养员 11 人。按转出仔猪的头数计算工资，全年支出工资总额为 9.36 万元。

2015 年仔猪的直接生产成本合计 117.54 万元。全年出售仔猪 4 280 头，转入育肥舍仔猪 3 750 头，合计 8 030 头，则平均每头仔猪的直接生产成本为 146.38 元。

2. 仔猪毛利的计算

2015 年销售仔猪 4 280 头，收入 103.72 万元。全年转入育肥舍仔猪 3 750 头，每头按 200 元（参考市场价格制定的猪场内部价格）转入育肥舍，共 75 万元。则仔猪的毛利为 61.18（103.72+75−117.54）万元，平均每头仔猪的毛利为 76.19 元。

四、育肥猪的成本核算及其毛利的计算

1. 育肥猪的成本核算

（1）饲料成本。该猪场 2015 年用于育肥猪的饲料数量及金额总计分别为 943.80t 和 116.29 万元。

（2）医药防疫。在仔猪阶段所有免疫程序已完成，全年药费为 0.59 万元。

（3）饲养员工资。饲养员工资实行承包制，按出栏头数计算工资，全年支出工资总额为 2.20 万元。

（4）仔猪成本。转入仔猪成本为 75 万元。

2015 年育肥猪的直接生产成本合计为 194.08 万元。全年出栏育肥猪 3 671 头，则平均每头育肥猪的直接生产成本为 528.68 元。

2. 育肥猪毛利的计算

全年出售育肥猪 3 671 头，收入为 245.89 万元。则育肥猪的毛利为 51.81（245.89-194.08）万元，平均每头育肥猪的毛利为 141.13 元。

五、盈亏分析

猪场全年的盈亏额等于仔猪与育肥猪的毛利及其他收入之和减去猪的间接生产成本。因养殖业没有税金，所以不考虑税金问题。

1. 猪的间接生产成本

（1）管理人员工资。猪场有场长、副场长、技术员、会计各 1 人，其他工作人员 3 人，全年支付工资为 7.70 万元。

（2）固定资产折旧费。猪场固定资产原值为 568.30 万元，2015 年末账面净值为 454.70 万元，全年提取固定资产折旧费 28 万元（猪舍、办公室等建筑按 20 年折旧，舍内设备按 10 年折旧）。

（3）贷款利息。猪场全年还贷款利息 8.70 万元。

（4）其他间接生产成本。猪场全年的供热用煤费为 4.60 万元，电费为 5.13 万元。猪舍及设备的维修费用为 0.83 万元，买工具的费用为 0.12 万元。差旅费、招待费、办公用品及日用品费等为 3.20 万元。

猪的间接生产成本合计为 58.28 万元。

2. 猪场全年的盈亏情况

仔猪毛利为 61.18 万元，育肥猪毛利为 51.81 万元，出售淘汰种猪收入为 10.15 万元，合计 123.14 万元，减去间接生产成本 58.28 万元。猪场全年盈利 64.86 万元。

3. 存栏量的变化对猪场盈亏的影响

在年终分析猪场的盈亏时还要考虑到猪群数量的变化，如果猪群数量增加，则表示存在着潜在的盈利因素，如果猪群数量减少，则表示存在着潜在的亏损因素。因为该猪场的存栏量变化不大，所以盈亏的影响在分析时可忽略不计，但如果猪的存栏变化较大，在分析盈亏时就必须考虑这一因素。

六、提高猪场经济效益的措施

分析以上成本核算与盈亏分析的过程，可看出要提高猪场经济效益关键要做到以下几点。

1. 提高每头母猪的年提供仔猪数

提高猪场经济效益最有效的办法就是提高每头母猪的年提供仔猪数。该猪场平均每头母猪年提供的仔猪只有 16 头左右，这个水平还有很大的上升空间。在生产水平比较高的猪场，平均每头母猪年可提供仔猪 18~20 头，甚至 20 头以上。如果按 18 头计算，该猪场每年可多生产仔猪 1 000 头左右，这 1 000 头仔猪与上面 8 030 头相比，在成本上只增加了 1 000 头仔猪的饲料费、医药防疫费和饲养员工资，而其他成本没有增加。增加的这部分成本每头仔猪以 75 元计，如果按 200 元/头转入育肥舍，它的纯利润为 125 元/头，合计 12.50 万元。如果出售，利润会更高。可见提高每头母猪的年提供仔猪数能显著增加经济效益。

2. 降低饲料成本

饲料成本在猪的饲养成本中所占的比例一般都在 70%左右。该猪场为 74%（不包括购买种猪及仔猪的成本）。降低饲料成本是增加经济效益的有效措施，但同时一定要保证饲料的质量，否则只能适得其反。主要方法是利用多种原料进行合理配合，达到既降低成本，又满足猪只营养需要的目的。

3. 降低非生产性开支

一般来说饲料成本在总成本中占的比例越高，非生产性开支所占的比例越少，说明猪场的管理越好，所以要尽量减少各种非生产性开支，提高经济效益。

参考文献

卢纪和. 2018. 规模化猪场现场管理及技术操作规范 [M].
北京：中国农业大学出版社.

舒相华，宋春莲，尹革芬. 2017. 规模化猪场疾病防控 [M].
昆明：云南科学技术出版社.

赵立平，赵柏玲. 2018. 规模化养猪与猪场经营管理 [M].
北京：中国农业科学技术出版社.

朱丹，邱进杰. 2019. 规模化生猪养殖场生产经营全程关键
技术 [M]. 北京：中国农业出版社.

农民教育培训·猪产业兴旺

猪规模化生态养殖与疫病综合防控

ISBN 978-7-5116-4390-2

9 787511 643902 >

责任编辑 崔改泵 李 华
封面设计 孙宝林 高 鋆

定价：30.80元

农民教育培训·小杂粮产业兴旺

小杂粮

绿色高效生产技术

田海彬　袁建江　胡永锋 ◎ 主编

中国农业科学技术出版社